THE BEAUTIFUL

An Introduction to Psychological Aesthetics

[英]弗农·李　著

王源　译

论 美

心 理 美 学 导 论

中国社会科学出版社

图书在版编目（CIP）数据

论美:心理美学导论/(英)弗农·李著;王源译. —北京:中国社会科学
出版社, 2024.5
ISBN 978 - 7 - 5227 - 3325 - 8

Ⅰ.①论…　Ⅱ.①弗…②王…　Ⅲ.①心理美学　Ⅳ.①B83 - 069

中国国家版本馆 CIP 数据核字(2024)第 058100 号

出 版 人	赵剑英
项目统筹	侯苗苗
责任编辑	陈肖静
责任校对	朱妍洁
责任印制	王　超

出　　版	中国社会科学出版社
社　　址	北京鼓楼西大街甲 158 号
邮　　编	100720
网　　址	http://www.csspw.cn
发 行 部	010 - 84083685
门 市 部	010 - 84029450
经　　销	新华书店及其他书店

印　　刷	北京君升印刷有限公司
装　　订	廊坊市广阳区广增装订厂
版　　次	2024 年 5 月第 1 版
印　　次	2024 年 5 月第 1 次印刷

开　　本	880 × 1230　1/32
印　　张	5.5
字　　数	108 千字
定　　价	29.00 元

目　　录

译者序

一

弗农·李（Vernon Lee，1856—1935），又译作浮龙·李，原名维奥莱特·佩吉特（Violet Paget），英国文艺批评家、美学家、小说家，是"移情说"理论在英国的代表性理论家之一；同时著有为数众多的小说、散文及戏剧作品，其中影响较大的是问世于 1890 年的超自然短篇小说集《惊魂记》。其主要学术代表作包括《美与丑》（1897）、《论美：心理美学导论》（1913）、《美与丑及心理美学中的其他研究》[1912，与汤姆森（C. A. Thomson）合著]等。

弗农·李在法国出生，受过系统、良好的教育，能够用英文、德文和意大利文进行写作。在欧洲各地的丰富游历使得她对新文化、艺术和美学都具有浓厚的兴趣，同时也具备十分深厚的艺术及人文素养，以及对艺术敏锐的感悟力和对美学理论透彻的理解、阐释能力。

早年，根据自己对审美知觉的切身真实感受，弗农·李接纳了"詹姆斯—兰格情绪理论"（James-Lange Theory of Emotions）①并将其运用于对美感的分析中，着重关注在审美活动中人的生理变化；后来她接触到谷鲁斯（Groos）"内摹仿说"②的理论，遂放弃"詹姆斯—兰格情绪理论"，在《美与丑》中提出了接近于谷鲁斯观点的审美理论，但仍注重与美感所伴随的生理变化。不同于谷鲁斯强调运动感觉对美感形成的意义，弗农·李把感官运动感觉视为产生

---

　　① 分别由美国实用主义心理学家威廉·詹姆斯（William James，1842—1910）于1884年和丹麦生理学家兰格（Carl Georg Lange）于1885年提出，二者关于情绪的理论不约而同地强调情绪状态与生理变化的直接联系，格外强调外周性变化对于情绪发生的刺激性作用。该理论认为，情绪感受并不在知觉到某些环境事件后直接产生，而是发生在我们对这些对象的身体反应之后。情绪体验是这样产生的：对环境刺激（一只吠叫的狗）的知觉引发体内变化（心率增加、呼吸加剧），体内变化反过来又反馈到大脑，表明一种"变化的状态"。身体状态（特别是内部器官）的变化就是情绪体验，换言之，是我们对身体变化的知觉引发了情绪体验。

　　② 谷鲁斯（Karl Groos，1861—1946），德国哲学家、心理学家和美学家。"内摹仿说"（注意与李普斯"移情说"的区别，内摹仿说强调由物及我）认为，在审美欣赏活动中，伴随着一种摹仿性的运动过程，这是外物的姿态在欣赏者内心的再现。该理论把内摹仿的运动知觉（包含了动作和姿态的感觉，特别是平衡的感觉、轻微的肌肉兴奋以及视觉器官和呼吸器官的运动）看作是审美活动的核心，围绕着这个核心，过去的经验的记忆和当前对形象的知觉才融为整体。"内摹仿说"是建立在"游戏"说基础上的，尝试从动物的游戏本能揭示艺术的起源，同时认为内摹仿是人的天生本能。

美感的条件。她认为人在进行审美鉴赏活动时，其心理和生理都将作出一系列反应，主要表现为心理活动随生理反应而发生感觉变化。如观赏一个花瓶，人在看到花瓶底部时就会感觉双脚紧按在地上，如观鉴某一物体上升时就会感到自己身体也随之向上升起，由此她认为，这是审美知觉引起的人的内在器官的变化而产生的情绪反应。同时，她认为人的这种内摹仿运动主要体现在内部器官的运动上，如呼吸循环系统的变化等，而非像谷鲁斯所阐述的是主体外部肌肉的摹仿运动；她强调内摹仿是对某些抽象的线性运动的摹仿，而不是像谷鲁斯所说的是对具体动作的摹仿。由此，她认为审美愉悦是审美知觉引起的内在器官变化的总和，凡对象引起有益于生命的器官变化即是美的，否则即是丑的。

弗农·李的这种审美理论，之后又因其接受了李普斯（Lipps）①的"移情说"理论而有所调整和修正，提出审美活动的产生主要是审美主体将自己的感觉融合到审美客体的性质之中，如审美主体对静止的山进行观照，后者之所以能给予人一种从平地耸起并且在不断上升的动态感，是因为人把自己的运动感觉移入到作为客体的静止的山上的缘故。从审美谈至艺术，弗农·李认为艺术创作的动机

---

① 特奥多尔·李普斯（Theodor Lipps，1851—1914），德国心理学家、美学家，德国"移情说"美学的主要代表，代表作是《空间美学和几何学：视觉的错觉》（1897），他在此书中提出了美感享受中的移情作用。

多种多样，但大都遵循着"趋美而避丑"这一基本原则。主体把自身的活动投射到事物（Thing）上，形成事物的形式（Shape）美，主体也感受到一种增益生命活动的快感和满足，这就是移情现象。她对审美鉴赏的态度也作了一些富有启发性的心理学分析，认为审美的满足不同于对善（Good）的享受和对有用性（Usefulness）的需求，也不同于科学性（Scientific）的分析，这种满足只来自对事物（Thing）某一观相（Aspect）[即直接感知的形状（Shape）]的观照（Contemplation）。但她不同意李普斯的"物我同一"的观点，认为在对客体的审美观照中，主体是意识不到"自我"的，否则移情就会被中止。在西方心理美学研究史的发展进程中，弗农·李对于推动移情理论更加广泛的传播和研究的进一步深入，发挥了不可忽视的积极作用。

本书正是弗农·李在接受移情说理论之后撰写的一部心理美学专著。她在前言中明确表明，虽然是力图以精神科学的事实来解释审美偏好，但这本书的创作意图是面向普通的并不一定具备专业领域知识储备的读者，基于日常性的、为人所熟知的心理事实基础，向他们传授一些关于心理美学的基本知识，力求深入浅出、通俗易懂。换言之，正如该书标题"心理美学导论"所界定的，这是一本入门级的专业著作。

在本书中，弗农·李从关键词"美的"入手，围绕它提出问题：面对可以使用"美的"这一形容词去界定的事物时，我们的思考和感受具有什么特质？进而展开分析阐释，美如何使得一组特定的精神活动和习性发生作用，同时一组特定的精神活动和习性又如何唤起了美。在本书诸章中，通过论述和例证，弗农·李对于审美活动和审美感受进行了逐步深入的辨析、探讨和论证，并给出了一系列层层递进的理论公式（formula）和理论观点。

第一，"美的"意味着一种观照性的满足和偏好（contemplative satisfaction and preference）的态度。

第二，当我们说一个事物（Thing）是"美的"，意思是它提供了一个或者多个让我们满意地去观照的观相（Aspect），即"美的"意味着从对观相而非事物的观照中获得的满足感。

第三，在观相中，有超越于色彩（或声音）属性之上的某种存在，使得观相呈现于人们的感官中，这就是形状（Shape）。

第四，在精神科学的范畴内，颜色和声音都属于感觉（sensation），是外部强加并提供给人们，是被动的（passive）接收；而形状从根本意义上而言是一种感知（perception），是主动的（active）领会和接受。

第五，当形状感知的困难使得观照变得不愉快和不可能时，就会导致某些观相被赋予"丑的"这一形容词；但与此同时，感知上的便利和感觉上的宜人，对满足性的观照而言并非就是足够的，也不足以使用"美的"这一词语。

第六，在审美活动中，主体的感知活动与被感知的客体对象性质的融合，标志着移情（Empathy）的发生，也就是在形状感知中，对与"美的"一词相关的满足感发挥主要作用的因素。

第七，移情不仅是由于人们在形状感知过程中所实际采取的行动，当下行动各种模式的速度、强度和便利性以及其伴随的意图，同时也归因于人们过去对同类行动积累的平均化的经验，以及它们在速度、强度、便利性和它们的伴随意图等方面的同源的各种模式。

第八，审美活动的对象是形状而非事物，二者的区别在于，事物是有实体的，存在于三维空间中；形状则是事物的某一个观相，是二维的，无实体。

第九，在人类发展进程中，当人们从对事物的实际应用转向对形状的观照时，艺术开始成为生活的一部分，与此同时，在人们的情感中，纯粹的观相也就获得了可与事物相匹敌的重要性。

第十，艺术总是避免丑的形状而寻求美的形状，且艺术是在追求各种不同目标的同时做到了这一点，在审美目的之外，艺术还具有很多非审美的目的。

第十一，观看者或聆听者的审美响应，是一种对艺术家创作的自发合作，这对审美移情来说尤其不可或缺；审美愉悦取决于观看者或聆听者的活动，一如取决于艺术家的活动那样。

第十二，重复性是审美欣赏的一个倍增因素，在过往的审美经验中，审美情感会被储存在记忆中，然后作为审美习惯被传递到当下的情境之中并发挥效用。

第十三，审美情感具有辐射性和净化能力。

第十四，从被称为"美的"形状中获得的满足感涉及强烈的、复杂的、反复的心理活动，它具有不可否认的愉悦且振奋精神的力量；这种审美满足的能力一旦产生，就会由于大量的进化优势而得到促进，此二者都十分复杂、难以分析，同时也同样根深蒂固、不可否认。

二

在人类有意识或者无意识的审美活动中，无论是作为艺术创作主体的艺术家，还是面对自然界的天然呈现和人类社会中的艺术创作的审美欣赏者，作为具有感性的感受力和理性的判断力的审美主体，必然会产生相应的心理活动。心理与审美从原初之时就紧密关联，不可分割。在中西方的美学及文艺学研究中，关于审美和文艺心理的论述，西方可追溯到古希腊时代，中国则在先秦诸子论著中已有涉及，但大多夹杂在哲学相关的研究之中。直至19世纪晚期，德国美学家费希纳（Fechner）① 提出要用"自下而上的美学"（心理美学）代替"自上而下的美学"（哲学美学），从而使审美欣赏和文艺创作的心理成为美学研究中越来越受到重视的一个课题。

心理美学作为一门独立的专业性的理论研究学科，其发展历史不过百余年，是以17、18世纪由经验主义哲学生发而出的经验主义美学为理论积淀，随着西方现代心理学在19世纪后期出现并快速发展而提供的研究理念及实验手段参照，逐渐萌生并成熟起来的。心理美学运用现代心理学的基本原理，研究人们作为美的欣赏者和创造者的审美感受、审美经验、审美能力、审美理解，是研究产生审美意识的心理过程和心理结构的一门学科。在心理学理论视野中，它被界定为"应用心理学"的一种，而在美学研究范畴中，它被视为美学的一个现代分支。心理美学突破了之前西方的哲学美学传统，并不从对有关存在的根本性问题探讨和形而上学的假设出发，而是从人类对自然和艺术的实际美感经验出发，从艺术家的创造活动出发，以实验心理学为方法论基础展开美学研究。从某种意义上说，心理美学是较早的交叉学科研究的卓著成果。

---

① 古斯塔夫·西奥多·费希纳（Gustav Theodora Fechner，1801—1887），德国哲学家、物理学家、心理学家、美学家，心理物理学的主要创建人，实验心理学的先驱。其《心理物理学纲要》（1860）把物理学的数量化测量引入心理学，提供了感觉测量、心理实验的方法和理论，为冯特建立实验心理学奠定了基础。

移情说是心理美学领域中影响较为广泛的一个理论，在 20 世纪初成为各种形式主义艺术流派（如表现主义等）创作的理论基础。"移情"这一术语源于德语 Einfühlung 一词，英语对应词由美国心理学家铁钦纳（Titchener）① 根据 sympathy（共鸣、同情）一词转译为 empathy。

移情说最早是由德国费肖尔父子②提出的，F. 费肖尔（Friedrich Vischer）从心理学角度分析移情现象，提出了"审美的象征作用"的命题，这种象征作用指的是审美主体通过人化的方式将生命灌注于无生命的事物中。R. 费肖尔（Robert Visher）在《视觉的形式感》（1873）中把"审美的象征作用"改称为"移情作用"，他认为审美感受的发生就在于主体与对象之间实现了感觉和情感的共鸣；费肖尔所言的移情作用是由我及物和由物及我的统一。

其后，李普斯在他的《空间美学和几何学：视觉的错觉》（1897）一书中对移情说进行了全面、系统的阐述，通常人们把他视为移情说的理论创立者和主要代表。李普斯从心理学的角度出发，认为人

---

① 爱德华·布雷福德·铁钦纳（Edward Bradford Titchener, 1867—1927），英籍美国心理学家，实验心理学的代表人物之一。他继承和发展了冯特的实验心理学，于 1898 年正式创立构造心理学学派。

② 罗伯特·费肖尔（Robert Visher, 1847—1933），德国美学家，代表作是《视觉的形式感》。其父是弗里德利希·费肖尔（Friedrich Vischer, 1807—1887），德国哲学家、美学家。从其父"审美的象征作用"这个命题出发，罗伯特·费肖尔发展出"移情作用"这一概念。

的美感是一种心理错觉，一种在客观事物中看到自我的错觉，产生美感的根本原因在于"移情"。所谓"移情"，就是人们将自我的感觉、情感乃至意志向外投射到事物上去，使之变成事物的属性，使原本没有生命的东西仿佛有了感觉、思想、情感、意志和活动，达到物我同一的境界。李普斯认为，只有在这种境界中，人才会感到这种事物是美的。整体看，李普斯的理论侧重于由我及物，与谷鲁斯的"内摹仿说"侧重于由物及我有所区别。

我国著名美学家朱光潜于20世纪早期在德国游学期间接触到上述相关理论，进行汇总并展开相关思考和研究，写出了《文艺心理学》（1936）一书，从深入分析"美感经验"问题着手，对直觉说、心理距离说、移情说等美学理论展开讨论，全面介绍了西方现代美学理论。这也是我国现代美学研究的第一部系统性论著。在这本书中，朱光潜对移情说的发生原因、机理、理论意蕴进行了较为深入全面的介绍和剖析，并着重介绍了李普斯、谷鲁斯和弗农·李三位学者的观点，将这一西方现代心理美学理论带入中国研究者和创作者的视野。而且，在此书中，朱光潜进一步将西方美学、心理学和文艺学理论与中国古典美学思想、古代文艺理论及创作实践相融合，无疑是非常具有学术史意义和价值的西方理论中国化的探索。阅读本译作，朱光潜先生的《文艺心理学》可作为颇具参考价值的重要文献资料。

本译作所依据的原著是弗农·李于 1913 年由英国剑桥大学出版社和美国 Putnam's Sons 出版社出版发行的英文版。国内对于她的研究较为有限，较多见于市面的是她的小说作品。本书中以黑体标示的词语和语句，皆为原著中作者以斜体形式予以重点强调的内容。本书附录的参考文献和索引皆译自原著，页下注则是译者所注，便于读者补充与正文相关的知识内容。译作中如有疏漏不当之处，期待诸位方家批评指正。

2022 年 8 月初稿

2022 年 11 月一校

2023 年 2 月二校

2023 年 7 月三校

前言与致歉

在这本小册子中，我尽力尝试以精神科学的事实来解释审美偏好，特别是关于肉眼可见的形状的审美偏好；但我所面对的读者，我无权期望他们已具备一定的心理学知识，尤其是对其现代发展有所了解。因此，我尽可能地把对美学问题的阐释建立在非专业读者所熟悉的，或至少是他们易于理解的心理事实上。那么由此获得的心理事实，绝不是分析心理学尤其是实验心理学所处理的基本过程。相反，它们是日常的、肤浅的、常常是颇为混乱的观点，是实际生活及其完全不科学的词汇所呈现的那些已确定或假设的科学事实。在我的审美解释过程中，我确实努力传授一些心理学的基本知识［例如在分析感知（perception）与感觉（sensation）的区别时］，并且我尽可能避免在记忆、联想和想象等令人生畏的复杂和关键问题上误导读者。但我不得不用非专业读者能理解的措辞进行表达，我完全清楚这些措辞只是与心理事实非常接近，或者目前被认为是心理事实。因此，我恳请心理学家理解（这本小册子的内容，可作为对心理学专业人士所掌握的事实和假设的可能的一点补充）。例如，在谈到移情涉及对某些活动的思考时，我的意思仅仅是，无论发生什么，都会产生与我们所思考的相同的结果；以及，无论那些活动的过程是怎样的（同样地在测量、比较和协调的情况下也是如此），**当它们被探察到时**，就会转化为**思考**；但我丝毫没有预先判断这个问题，即过程、"思考"、测量、比较等是否存在于意识的从属层面，或者它们是否主要是生理性的，只是偶尔与意识的结果相毗邻。同样地，由于篇幅有限，而且需要清晰明辨，使得我不得不作如此表达：似乎形状偏好总是需要视觉感知的详细过程，而不是毫无疑问地在大多数情况下，是由于过程中的各种联想性缩略和等同造成的。

弗农·李

佛罗伦萨附近的迈亚诺

1913 年复活节

第

一

章

形容词"美的"

美的，意味着一种观照性的满足和偏好的态度。

　　这本简短的小书，作为对精神科学重要分支的一个介绍，无意去"构建"公众的口味，更不用说要去引导艺术家们。这本书所解决的不是"应该如何"而是"是什么"，至于从后者论证推演到前者的工作，留给理论批评者吧。这本书无意声称要说明事物如何能够变得美丽，或者我们该如何识别哪些事物是美的。在这本书中，美被视作已然存在且可被享受的，我们尝试去分析和解释美存在和成为享受的原因。更严格地说，这本书所分析阐释的不是美如何存在于某些特定的事物和过程中，而是美如何使得一组特定的精神活动和习性发生作用，同时一组特定的精神活动和习性又如何唤起了美。这本书并不是问，我们称作"美"的事物、过程具有什么特质？而是在问当我们面对可使用"美的"这一形容词去界定的事物时，我们的思考和感受具有什么特质？对于单独的美的事物的研究，甚至其中不同范畴之间的比较，确实是科学性美学的一半，但只是因为它帮助我们去了解"美的"事物在我们身上所引发的特定精神活动（反之"丑的"亦然）。正是因为基于我们此种积极响应的本质，决定了术语"美的"和"丑的"在每一个实例中的应用，诚然也决定了它们在任何情况下的应用，以及它们在人类词汇表中的确然存在。

　　依照这一规划，我不会从对"美的"这一词汇的正式定义开始，而是要问：在什么情况下我们会使用它。显然，**是当我们感到**

满足而不是不满足时。满足意味着我们想要延长或重复某一特定的、可唤起"美的"这一词汇的体验；同时也意味着如果要在两种或几种体验之间选择的话，我们**更倾向于选择被标记为"美"的体验**。因此我们可以这样表述：**美的，意味着我们的一种满足和偏好的态度**。但是还有其他一些词汇也指向类似的意义内涵，在现实中"美"的同义词，首当其冲就是"有用的"和"好的"。我称之为同义词，是由于"好的"总是意味着"有益于"或"擅长于"，这是在说对某一目标的适合或胜任，即使这一目标被掩盖在**遵循某种标准或服从某种诫令**之下；这是由于这种标准或诫令，所代表的并非某一共同体、某一种族或某一神权的随意任性，而是某种（真实的或者想象中的）不那么直接的效用——这是"好的"在暗指标准或诫令时的意义内涵。然而，当我们说到"好的"时，十之八九并无此意义指向，而只是意味着**在有用的或有利的层面上的满足**。因此，我们偏好一个"好的"路径，是由于它能够迅速且容易地带我们抵达我们的目的地。我们偏好一个"好的"话语表达，是因为它能够解释清楚且具有说服力。而一个"好的"角色（好朋友、好父亲、好丈夫、好公民），是一个能够通过履行道德义务来提供满足感的存在。

　　但当我们谈到"美的"时，请注意其中的差异。一条"美的"道路是我们喜欢的，因为它能提供我们喜欢看的风景，它的曲折和不便并不会妨碍它是"美的"。一场"美的"演讲是我们喜欢听到或记住的，尽管它可能既不能说服我们，也不能说服任何人。一个"美的"角色是一个我们乐意去思考的角色，但它可能永远不会对任何人有实际的帮助，例如它是存在于小说而非现实生活中。因此，"美的"这个形容词意味着**一种偏爱的态度，而不是一种现在或未来致力于我们目标的态度**。在描述天气时，用来区分我们喜欢什么和不喜欢什么的词语（英语、法语和德语中的所有词语）甚至严重缺乏对称性。让我们感到不舒服的，因为下雨、刮风或泥泞阻碍了我们的行动的天气，被描述为"坏"天气；相反的天气被称为"美丽的"、"怡人的"或"晴朗的"，我们似乎沉浸在纯粹的观照（contemplation）所带来的生动有趣的满足中，而忘记了这些日子更舒适、更方便、更有用的方面。

我们纯粹的观照！在这里，我们发现了我们使用词语"好"或"有用"时的态度与使用"美的"这个词时的态度之间的主要区别。我们可以在我们的部分化公式"美的意味着满足和偏好"中添加区别性的表语："一种观照性的"。我们使用"美的"一词时出现的日常性反常将证实这一一般性陈述；对这一看似例外情况的研究，不仅可以举例说明我所说的我们在使用这个词时的态度，而且还可以为这个信息添加与这种态度相对应的情感的名称：**欣赏**的情感。对于同一个对象或进程，有时可能被称为"好的"，有时也可能被称为"美的"，这取决于人们的心理态度是务实性的还是观照性的。

当我们劝告旅行者选择走某条路，理由是他将会发现这条路很好时，我们可能会听到一位热情的车夫将同一条路描述为美的、英式风格的或极棒的，因为不存在要立即使用的问题，而只是以欣赏的目光来衡量这条道路的品质。同样地，我们都听说过工程师谈及某台机器时，甚至外科医生谈及一台手术时，使用明显有些牵强附会的形容词"美的"，英国人或许会用各种近义词中的一个，精细的、极棒的、值得称道的（甚至偶尔是**令人愉快**的!），来表达他们的欣赏。词语的变化代表着态度的变化。工程师不再执着于对这台机器的使用，外科医生也不再评估手术的优点——在某一个难以察觉的时间片段中，或在实践性评估甚至是实践本身之中，所有这些高度实践性的人关掉了其实践性的"开关"。机器或者手术，就其目标而言的技能、创造性、适用性，在被思考时，与行动以及优势、手段和时间——今天或者昨天都**分隔**开来，我们可以援引第一位伟大的美学导师的名字，称之为**柏拉图式**的思考。一言以蔽之，它们在欣赏中被观照。**欣赏**是一种粗略而现成的名称，指的是无论多么短暂的情绪，无论多么微弱的情感，我们都会用它来迎接任何让我们去观照的事物，因为观照恰好会给我们以满足。这种满足感可能只是一个对于"我宁愿不"的描述的框架；或者它会是我们的存在中的一个巨大改变，其辐射范围远远超出现在，唤起过去类似的情况去印证它；为了未来而储存着它自己；像晴天带来的喜悦一样，渗透到我们动物性的精神中，改变脉搏、呼吸、步态、目光和举止；并且改变我们整个瞬息之间的人生观。但是，无论是表面化的，还是压倒性的，**与满足感相关联的"后遗症"是，"美的"这个词始终是属于观照性的。**

我们将会看到，与我们的主题相关的大多数其他事实和"公式"，正是取决于我们已如此确切表述出来的事实。

伴随着"美的"这个词的使用，这种本质上非实践性的态度导致形而上学美学家们提出了两个著名的，而且我认为是相当误导人的理论。第一个理论，将审美欣赏界定为"无利害关系的兴趣"（disinterested interest），而径直将"利己"（self-interest）等同于对我们尚未得到的利益的追求；从而忽视了这样一个事实，即这种欣赏意味着享受，且到目前为止这种欣赏与无利害关系恰恰相反。第二种哲学理论［最初由席勒（Schiller）① 提出，后由赫伯特·斯宾塞（Herbert Spencer）② 复兴］利用与"美的"一词相关的非实用态

① 约翰·克里斯托弗·弗里德里希·冯·席勒（Johann Christoph Friedrich von Schiller, 1759—1805），通常被称为弗里德里希·席勒，德国18世纪著名诗人、哲学家、历史学家、思想家和剧作家，德国启蒙文学的代表人物之一。德国文学史上著名的"狂飙突进运动"的代表人物，也被公认为德国文学史上地位仅次于歌德的伟大作家。

② 赫伯特·斯宾塞（Herbert Spencer, 1820—1903），英国哲学家、社会学家、教育家，被称为"社会达尔文主义之父"，所提出的学说把进化论的"适者生存"应用在社会学尤其是教育及阶级斗争之中。

度，将艺术及其享受定义为一种**游戏**。尽管休闲和无忧无虑对于玩耍和审美欣赏都是必要的，但后者因其具有的观照属性，在本质上不同于前者。因为尽管有可能以纯粹观照的精神和最深的欣赏之情去观看**别人**踢足球、下国际象棋或打桥牌，正如工程师或外科医生也可能去观照一台机器或一个手术的完美之处；然而，对目标和下一步行动的专注，构成了"游戏玩家"自身一种显而易见的务实心态，一种与观照截然相反的心态。正如我希望在下一部分中阐明的那样。

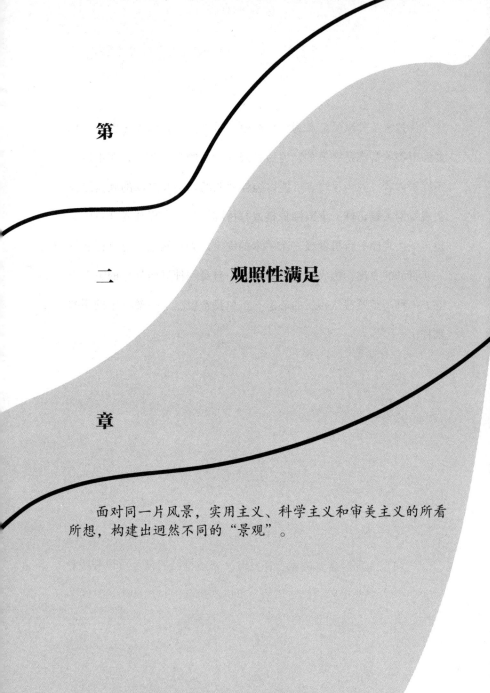

第

二　　　　　观照性满足

章

　　面对同一片风景，实用主义、科学主义和审美主义的所看所想，构建出迥然不同的"景观"。

如前述，我们将"美的"一词定义为意指一种观照性满足的态度，以一种有时相当于情感的欣赏的感觉为标志；到目前为止，它与"好的"一词所隐含的实用态度形成了对比。但是，我们需要更多地了解观照本身的独特性，正是凭借这些独特性，观照不仅与实用性的态度不同，而且与科学态度也不同。

对于这个主题，让我们通过对三个假想出的旅行者面对同一个景致时的行为观察和话语聆听来获得一些粗略、现成的了解，这三位分别以实用的、科学的和审美的态度来考虑问题。这景致是从罗马或爱丁堡附近的山顶上看到的，是读者最易于明了（是什么样子）的景色；三位旅行者在它面前驻足，停留片刻，各自沉浸在自己的思绪中。

"我们步行回家需要几个小时，"三人中的一个开始说，"如果有一辆有轨电车和一条缆车，我们可能会在下午茶时间就到家。这让我想到：为什么不成立一家股份制公司来建造它们呢？这些山上一定有水力可以发电；山上的人可以养牛，把牛奶和黄油运到城镇上。也可以为那些需要进城工作，但又希望自己的孩子可以呼吸新鲜空气的人建造房屋，你知道的，可以利用分期付款购买。这可能是天赐的良机，也是一项资本投资，尽管我想有些人要说这会破坏景观。这可是个非常**好**的主意。我要找一位专家——"

"这些山，"第二个人插嘴说，"据说是一座古老火山的一部分。

我不知道这一理论是否**正确**！研究山顶是否被冰雪磨平，以及在不同的地质时期是否有火山活动的痕迹，将是一件**有趣的**事情；我想，平原在并不是很久远之前的时期就已经被淹没在海底了。同时**有趣的**是，正如我们在这里能注意到的，城镇的定位选址是如何通过河流来解释的——河流在天然港口不足的海岸上提供了更方便的航运；此外，这里是航海为生和田园耕牧的人口必然的汇集处。正如我所说，这些调查将证明这一切是多么有趣。"

"我希望，"第三个旅行者抱怨道，但可能只是对他自己说，"我希望这些人能闭口不言，让人享受这个优美的地方，而不要把注意力转移到**可能要做的事情上**，或者**这一切是如何产生的**。他们似乎感觉不到这一切有多么**美**。"他把注意力集中在对风景的观照上，他的愉悦中夹杂着一种不愿离开的抵触情绪。

与此同时，他的一个同伴开始琢磨是否真的有足够的牧场用于奶牛养殖，是否有足够的水力用于电车和缆车，以及从哪里可以借到必要的资金；另一位则四处搜寻地质分层和剧变的痕迹，并在记忆中搜寻关于最初居住在该国的那些部落的历史资料。

"我猜你是个画家，后悔没有带素描材料吧？"那位秉持科学主义的人说，他总是对现象的起因感兴趣，即使是像一个人在风景面前保持安静这样的小事。

"我认为你是那些文学家中的一员，并且正在计划在哪里可以使用对这个地方的描述"——那个践行实用主义的人以快速的洞察力纠正到，他习惯于权衡人们的动机，说不定这些动机会有什么用处。

"我**不是**画家，也**不是**作家，"第三个旅行者大声回答，"谢天谢地，我不是！如果我是，我可能会尝试设计一幅图画或搭配某些形容词，而不仅仅是享受这美好本身。当然当我离开后我很乐意为它画一幅素描或写几句描述。上帝保佑，我真的相信，当我们都回到伦敦时，我会很高兴听到你们两位谈论你们的有轨电车公司和火山、冰川活动，因为你们的谈话将使我想起，被你们尽力'糟蹋'了的这个地方和时刻——"

"这就是审美主义！"另外两人几乎异口同声地说。

"我想，"第三个人带着些许敌意回答，"这就是你们所说的实用主义或者科学主义。"

现在，实用主义者和科学主义者的思想态度虽然彼此明显不同（前者倾向于产生新的有利的**结果**，后者不考虑有利可图而是检查可能的**原因**），但显然都与第三位不同——他只是在观照他所谓的风景之美。正如他抱怨的，这两位所考虑的是**有可能会做些什么**，以及**这一切是如何产生的**。也就是说，他们两人所考虑的都已经**远离**了这片风景。事实上，那位科学主义者在检查一块又一块岩石时，他已经背离了这片风景。那位实用主义者肯定既看了前面的平原，也看了他所处的山丘，因为他判断那里有牧场和水力，而且陡峭的山势需要增加一条缆索来补充有轨电车的运力。但是，除了这两人生理性视线中景观的不同构成项，以及在不同角度下的相同项，还有更多种类、更为迅速的一连串构成项和视角呈现在他们精神性的视线中：实用主义者的"心灵之眼"不仅看到了山、平原、城镇的并未在当下时空中全部存在的细节，还看到了在不同发展阶段的有轨电车线路和索道，以及乳制品、牧场、房屋、发电机、瀑布、办公室、广告、支票，等等；而科学主义者的内心视线以同样的速度扫过不同地质阶段的火山、冰盖和海洋，甚至是显微镜下的矿物，身着史前的或古典的装束的居民，更不用说可能是某些书页和图书馆的馆藏了。

而且，绝大多数这些心理"图像"（将真实存在的景观屏蔽在注意力之外）只能是出于礼节性地被称为"图像"，被"心灵之眼"如一列高速列车般横扫而过，只是目光所及而知道那些是什么，或者可能根本什么也看不到，而仅仅是文字填补了思维链的空白。因此在这种情况下，人们有可能会感到满足，并不是因为视线迅速地掠过这方方面面，而是因为视线会转向接下来的事项的事实，一个逐渐呈现出的主导性目标，一个最终的预期结果——在实用主义者那里是英镑、先令和便士代表的利益，在科学主义者那里是对于现象的有条理的解释。在这二者的情况中，同样存在万花筒式和电影放映式的景象序列，但在其中只有一个细节可能被注意到。或者，更严格地说，他们对于这些景象本身没有任何兴趣，只对其所暗示的行动的可能性感兴趣——无论是建设有轨电车线路、股份公司等关于未来和个人盈利的行动，还是主要是关于过去的、无关个人利益的行动，比如研究那些不复存在的火山或史前文明。

现在让我们来仔细审视一下故事里第三个人的心理态度，那位被其他两人先误认为是艺术家或作家，后又视他为一个审美主义者而不屑一顾的旅行者。

观相与事物

当我们说一个事物是美的，我们的意思是它提供了一个或多个让我们满意地去观照的观相。

在确定了一个他最喜欢的特定视角之后，第三位旅行者沉浸在这片风景所带给他的观照之中。如果他再多停留二十分钟，或者透过强力眼镜看过去，他会看到下面的平原是翠绿色、赭褐色和淡黄色的色块组合，然而从他选择保持的距离看过去，这片风景的颜色融合成难以言表的可爱的紫丁香色和黄褐色。如果他自由地来回走动，他就会意识到，那些急剧汇聚在一起的多个线条成扇形排列——吸引着他的眼睛迅速掠过不同的角度——一定会被视作一个由堤坝、树篱和道路组成的棋盘，十分沉闷无趣，像是用一把尺子在石板上画出来的。此外，那些山麓并未与其后方的山峰形成一个巨大的整体，而是位于完全不同的平面之上，并通过其压迫性的投影分散了人们的注意力。与此同时，似乎是为了进一步颠覆这一景致，他将不得不承认［正如罗斯金（Ruskin）① 通过绘制农舍屋顶和马特洪峰峰顶所解释的那样］，最远处山峦优美的轮廓线，在长长的凹形曲线中下降再上升，以节奏性的间隔构成尖锐的峰顶，仅仅是一种透视的错觉——更近的线看起来更高，更远的线看起来更低——更不用说如果从热气球上看只能看到扁平的土堆了。但是，对于从热

---

① 约翰·罗斯金（John Ruskin, 1819—1900），英国作家、艺术家、艺术评论家。1843 年，因《现代画家》（*Modern Painters*）一书而成名，书中高度赞扬了威廉·特纳（J. M. W. Turner）的绘画创作。其艺术批评使其成为维多利亚时代艺术趣味的代言人。

气球上或显微镜下所看到的这片风景是什么样貌，就像这里在有了电车和缆车并经历了一百年之后会是什么样貌，或者在经历数千年的火山和冰川活动之前曾是什么样貌，这位旅行者丝毫也不考虑。他对光线和色彩的完美协调构图感到十分满足，这种图案（越来越细致，越来越与每一个探索性的注视相协调）的线条锐利地插入，微妙地弯曲，有目的地汇合，仿佛它们都是有生命的，并在表演着某种伟大而复杂的舞蹈。他并不关心他所看到的是否是许多事物的集合，更不用说这些事物的其他属性了。他根本不关心那些事物，只关心那个呈现出的特定形态（他不在乎这形态是否符合现实），只关心一个**观相**（他不想知道是否还有其他观相存在）。

因为，尽管听起来可能奇怪，一个**事物**（thing）与一个**观相**（aspect）相比，既多于后者，也少于后者。多于后者，是因为一个**事物**实际上不仅意味着它自身的性质和我们对它的反应是真实的、当下的，而且还意味着潜在的更多数量和种类的品质与反应。另一方面，少于后者（观相），是因为这些构成一个事物的潜在品质和反应，在任何给定的时间里，人们只需要在最低限度上去思考它们；与之相反，一个观相就整个存在于那里，它的内在属性是紧密地相互依赖的，我们对其的反应完全是将这些属性同时作为整体和部分而联系起来。例如，一枝玫瑰不仅仅是曲线、直线和颜色的某种组合，正如画家在一定角度看到的那样，花瓣遮住了茎的一部分，叶子突出在花蕾上方；它还可能是其他形状的组合，包括当玫瑰头朝下放置（或观看者从下往上看）时看到的形状。同样地，它可能意味着某种感觉——抗拒的，柔软的，湿润的，如果我们试图抓住它就会感到刺痛，如果深呼吸我们就会嗅到特定的芬芳。它可能会长成为特定的果实，然后我们会发现这果实很苦，不可食用。它可能会被修剪而生长，被压在一本书里，被作为一份礼物，也可能是为了利润而被种植。这么多的可能性中只有一种有可能占据我们的思绪，而我们对其余的不看一眼，或者只是随后看一眼；但是，如果在审视的过程中，这些组合的可能性中的任何一种让我们失望，我们就会认定这不是一朵真正的玫瑰，而是一朵纸玫瑰，或者是一朵彩绘玫瑰，或者根本不是玫瑰，而是别的什么东西。因为，就我们的意识而言，**事物**只不过是我们自身实际的和潜在的反应的组合，也就是说，是或多或少具有稳定性的经验链接而形成的期望。在前文的虚构故事中，实用主义的人和科学主义的人所面对和思考的都是一些**事物**：从一系列潜在的反应转到另一系列，在这里匆匆忙忙，在那里磨磨蹭蹭，直到他们的思绪中已完全不再存在风景的真实**观相**，而是被未来的电车和缆车、过去的火山和冰盖完全替代；只有物质性的构成和地理位置，仍然是在那些关于可能性的大量思索中未被更换掉的内容。

每一个**事物**都可能有许多非常不同的**观相**；其中一些观相可能

会引发观照，就像那片风景吸引了第三个人去观照它一样；而其他观相（比如说，在同一地点，经过了适合的关于电车、缆车和半独立住宅的发展之后，或者在必要的火山和冰川活动之前）可能会被非常快地排除掉或模糊不见。事实上，除了极少数立体存在本身并不是特别吸引人，我记不起有什么**事物**没有同时呈现出令人愉快的和令人不快的观相。最美的建筑如果倒立过来就不美了；最美的图画如果通过显微镜或从很远的地方看过去就没那么美了；最美的旋律如果从错误的一端开始就不美了……在这里，读者可能会打断："真是胡说八道！建筑当然在正面朝上时，才**是**一座建筑；在显微镜下，图画当然就不再是一幅图画；旋律当然要从一开头开始，否则就不是旋律"——这一切都意味着，当我们谈论一座建筑、一幅图画或一段旋律时，我们已经在含蓄地谈论一个事物的某一个可能性的观相，而不再是一个**事物**；当我们说一个事物是美的，我们的意思是它提供了一个或多个让我们满意地去观照的观相。但是，如果一座美丽的山或一个美丽的女人只能被观照，如果这座山不能被攀登或挖掘，如果这个女人不能结婚、生育和拥有（或没有！）投票权，我们应该会说这座山和这个女人并不是**真实的事物**。因此，我们可以得出结论——悖论性的是只有当我们无法定义我们所讨论的东西时——**我们所观照为美的，是一个事物的一个观相，而不是这个事物本身**。换句话说，美是一个形容词，适用于观相而不是事物，或仅仅适用于那些我们认为它们是拥有（在其他潜在可能性中）美的观相的事物。因此，我们现在可以作如此表述：**"美的"这个词，意味着从对观相而非事物的观照中获得的满足感。**

这一总结把我们带到了本书主题的核心处，我希望读者能把它牢记在心，直到我们在对问题的进一步检视中对其逐渐熟悉为止。然而，在继续讨论这些问题之前，我想请读者思考一下，我们刚才得到的最后一个公式是如何影响那些古老的、似乎永无止境的争论的，那些关于美是否与真理有关，以及艺术是否如某些道德家所主张的那样是一堆谎言的争论。因为**真实**或者**虚假**是对于存在的判断，是就**事物**而言；它意味着，除了所呈现或描述的品质和反应，我们进一步的行动或分析将引出构成**所谓存在的事物**的某些其他品质和反应。但是，在我使用"观相"这个词的情况下，观相就**是**它们本身，并不必须要意味着超出它们自身特性的任何。"真"或"假"这两个词只能适用于用意指**"观相"真实存在**或**并不真实存在**，也就是说"观相"到底是否存在。但是，在**误导性**的意义上判断一个观相是真是假，这个问题不是指向这个**观相**本身，而是指向将其作为一部分和一个标志的事物。现在，对于纯粹的观相和观相的美（或丑）的观照，并非必要地或者暗示性地指向一个事物。我们对一个半人马雕像之美的观照可能确实会被这样一种条件反射所干扰：一个有两套肺和消化器官的生物应该是一个怪物，不太可能一直活

到长胡子的年龄。但这种令人困扰的想法不需要产生。当它发生的时候，它并不是我们对那尊雕像的观相进行观照的一部分；相反，而是在其之外，是一种对其的游离，这种游离是源自我们根深蒂固的（而且是非常必要的）习惯，即通过思考和检测**事物**来打断针对**观相**的观照。观相从来不暗示一个超越自身的事物的存在；它从不确认任何是真实的，也就是说，除了我们在观照这一事实，任何事情都可能或将会发生。换句话说，**"美的"是一个只适用于观相的形容词**，这一公式向我们表明，只有在艺术（通常情况下）有意陈述事物的存在和性质的情况下，艺术才可以是真实的或者不真实的。如果艺术说"半人马可以有两套呼吸和消化器官而出生并成长到人类所具有的条件"，那么艺术就是在说谎。只是，在指责它撒谎之前，最好确保关于半人马的可能性的陈述的确是艺术的意图，而不仅仅是我们自己所曲解的。

但当我们论及主题和形式时，会有更多这方面的问题。

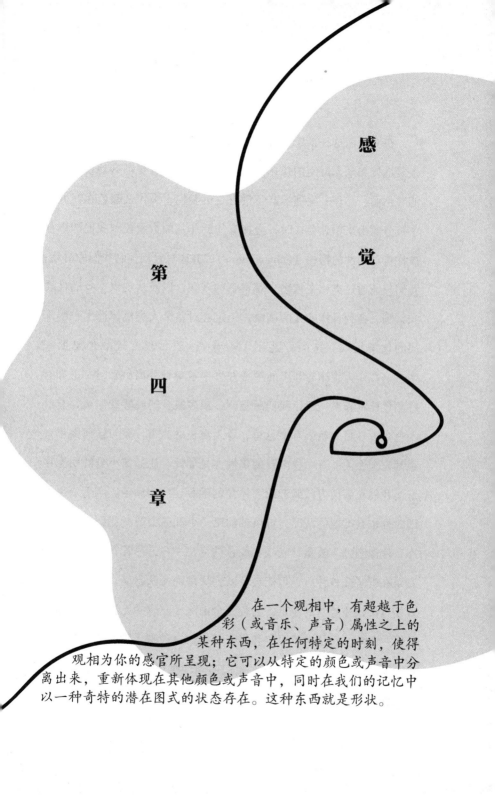

感

觉

第

四

章

在一个观相中，有超越于色彩（或音乐、声音）属性之上的某种东西，在任何特定的时刻，使得观相为你的感官所呈现；它可以从特定的颜色或声音中分离出来，重新体现在其他颜色或声音中，同时在我们的记忆中以一种奇特的潜在图式的状态存在。这种东西就是形状。

在对眼前这一景象（观相）的观照中，给那位审美主义的人带来最直接和毫无疑问的快乐的是它的颜色，或者更准确地说，是它的颜色们。心理—生理学家还没有告诉我们，为什么颜色在其并置中被分离出来单独存在时，会拥有如此非凡的力量控制我们的以往被称作动物性的精神（animal spirits），并通过它们控制我们的情绪；我们只能通过类比在植物中观察到的现象，以及从现象本身的性质来猜测，各种各样的光的刺激，一定会对整个人类机体产生一些深层的化学反应。这同样适用于声音——虽然程度较颜色要低一些——在作为旋律与和声的声音并置中被单独分离出来时。正如有些颜色感觉起来，即让**我们**感觉到，或多或少的温暖或凉爽，有些颜色令人耳目一新或有窒息感，令人沮丧或兴奋，而与任何因果关系都完全无关；有一些声音的属性亦是如此，比如像小号的明亮声音使我们充满活力，或者像手风琴的颤音让我们痛苦。至于效果的即时性也有类似的情况：管风琴的第一个和弦会改变我们的整个状态，就像刚进入教堂时光线和颜色的变化一样，尽管管风琴演奏的音乐在听了几秒钟后，可能会令我们厌烦而无法忍受；而一旦我们开始打量这座教堂的建筑，它就完全消除了教堂的光线和色彩给人的第一印象。正是由于颜色和声音具有的这种毫无疑问的生理性力量，无论我们是否同意，早在我们的理性意识开始合作运转之前，它们就以这种方式侵入和征服了我们；同理，那个站在山上的人对眼前的"观相"的愉悦，正如我所说，首先是对颜色的愉悦。同时，因为对于那些在审美偏好上从未有更多追求的人来说，对颜色的愉悦如同对单纯的音质或音色的愉悦，是触手可及的。众所周知，儿童对颜色很敏感，远在他们对形状表现出最微弱的敏感性之前。在我们祖父母的时代，一个完美的声音在一个长音符或震动中呈现的音色可以轰动全场，就像对于瓦格纳（Wagner）① 的乐曲中微妙的管弦乐混合，入门级的听众们是无法分辨和弦中的音符的，有时甚至无法跟得上其中任何一个曲调。

因此，那个站在山上的人是瞬息之间从风景的色彩中接收到了愉悦。我们接收到（receive）了愉悦，而不是获取到（take）了愉悦，正如我所说的，颜色和气味似乎会侵入我们，无论我们是否想要被愉悦，它们都会坚持让我们愉悦。从词汇的这个意义上看，我们可以说是**被动**地接受声音和颜色的本质：我们在这些感觉（sensation）的影响中所承担的，就像在宜人的温度、接触和口味的影响中一样，是一个身体和心理反射的问题，而我们的意识活动和主动的注意力，在这反射中不起作用：我们不是在主动做（doing），而是被来自外部的刺激所做（done）；因此，它们在我

---

① 威廉·理查德·瓦格纳（Wilhelm Richard Wagner, 1813—1883），德国浪漫主义时期作曲家、指挥家。是欧洲浪漫主义音乐达到高潮并走向衰落时期具有代表性的作曲家，也是继贝多芬、韦伯以后，在德国歌剧舞台上发挥作用的重要人物。

们心中设置的愉悦或不快是我们所**接收**的，与我们所**获取**的不同。

在理应讨论那个山上的人在所面对的"观相"中所**获取**的快乐——区别于他被动地**接收**的快乐——之前，在研究与获取的而非接收的另一种快乐相关的活动之前，我们必须对使他愉悦的颜色以及与他正在观照的观相相关的，那些颜色的重要性或不重要性，再多谈一点儿。

正如我所说，这些颜色，特别是某种像被雨水冲刷过的蓝色、淡淡的紫色和有些黯淡的黄褐色，就像某些美妙的口味和气味一样，给予他即刻而巨大的愉悦。事实上，任何仔细观察过他的人都可能会注意到，他所呈现出的表情，恰如梅瑞狄斯（Meredith）[①] 所说，一个正在感受上等葡萄酒在味蕾上翻滚的人，或是正在深深呼吸香气四溢的空气的人；他自己，如果不是太专注于观看（风景）的话，可能已经注意到了嘴巴、喉咙和鼻孔中伴随而来的感觉；在所有这些中，他对于颜色唯一积极主动的回应，只是试图**接收更多**已经接收到的感觉。但是，他从风景纯粹的颜色中得到的这种愉悦，与如果他是在许多束丝线中遇到它们的别无二致；因它们并置而产生的更复杂的愉悦，是如果他看到这些丝线缠绕着放

---

① 乔治·梅瑞狄斯（George Meredith，1828—1909），英国维多利亚时代的小说家、诗人。与19世纪后半叶其他英国小说家不同，他不注重结构和技巧，而以精彩的对话，充满机智和诗意的宏伟场面以及对人物心理的刻画著称。

在一个不那么整洁的工作篮里时可能会得到的愉悦，而非它们出现在一本图案书的不同页面上。他可能会说："这些看起来就像我们在那个山顶上看到的那一天、那一季节、那时的风景，颜色完全一样，而且组合也差不多。"但他永远不会说（如果他说了的话，他是发疯了）："那些丝线是我们在那个特定的地方和特定的时刻看到的风景。"奇怪的是，如果你给他看从那个特定的地方和角度绘制的一幅铅笔画或拍摄的一张照片，他就会用"这就是那个风景"等精确的语句形式来表达。同样地，如果你让他透过彩色玻璃——会把淡蓝色、淡紫色和淡黄褐色变成翡翠绿色和血红色——去看，当你让他看到这样的单色调时，他会为失去了那些精致的颜色而惊叫，也许他会发誓说，当你强迫他透过那糟糕的玻璃去看时，他所有的愉悦感都被破坏了。但他仍会辨认出他之前所看到的"观相"；正如即使是最不懂音乐的人也会听辨出《天佑国王》（"God Save the King"）①，无论这乐曲是用长笛升三个半音演奏，还是用长号降四个半音演奏。

因此，在一个**观相**中，有超越于色彩（或音乐、声音）属性之上的某种东西，在任何特定的时刻，使得观相为你的感官而呈现；

———————

① 男性君主在位时的英国国歌，女性君主在位期间则为《天佑女王》（"God Save the Queen"）。

它可以从特定的颜色或声音中分离出来，重新体现在其他颜色或声音中，同时在我们的记忆中以一种奇特的潜在图式的状态存在。这种东西就是**形状**。

我们所观照的正是形状；正是因为颜色和声音被纳入了形状，由此区别于温度、质地、味道和气味，才能被称为是可以被观照的。事实上，如果我们用形容词"美的"来描述单个孤立的颜色或声音（那种蓝色或黄褐色，或某个声音、某支管弦乐队的单纯音色），而我们仅仅用形容词"宜人的""美味的"来表达对气味、味道、温度和质地的喜爱；我们语言中的这种差异，无疑是因为颜色或声音往往是与其他颜色或其他声音联系起来而成为某种形状，因此比温度、质地、气味和味道更容易成为观照的主题，而温度、质地、气味和味道本身不能被组合成形状，只有当它们与颜色和声音联系在一起时，才会成为观照的对象，例如，描述秋天的景致时提及野草燃烧的气味，或在感知一个岩洞的黑暗和水的潺潺声时用凉爽的潮湿感来表达。

当我抛弃了实用主义者和科学主义者，因为他们是**从事物而非观相的角度思考问题**时，我试图重新审视他们那个秉持审美主义的伙伴一直专注于观照的**观相**。那里有各种颜色，有美妙的刚被雨水冲刷过的蓝色，有丁香色和黄褐色，这些颜色让这个人即刻感受到被动的、（一如气味和味道带来的）生理性的愉悦带来的震撼。但除此之外，我的审视还包含另一种构成：我所描述的那种急剧汇聚的线条构成的扇形排列和一条精巧勾勒的山峦天际线，它们以节奏性的间隔构成尖锐峰顶，在长凹曲线中下降继而再次上升。除了这些，还有一座远山的轮廓，像火焰一样在天空的映衬下升腾而起。所有这些都是由**线条**（天际线、轮廓线和透视线）组成，当透过彩色玻璃看过去颜色都已完全改变时，这些是保持不变的，当颜色的色度降低到照片或铅笔画的单色调时，这些也保持不变；除非是在几乎没有色彩的呈现中规模发生了种种变化，否则它们仍然是保持不变的。正如我们都知道的，"观相"中的这些构成就是**形状**。即使颜色改变，或颜色减少到刚刚可以让每一条线都能从背景中被分辨出来，这些形状仍可以被观照，并被称作美的。

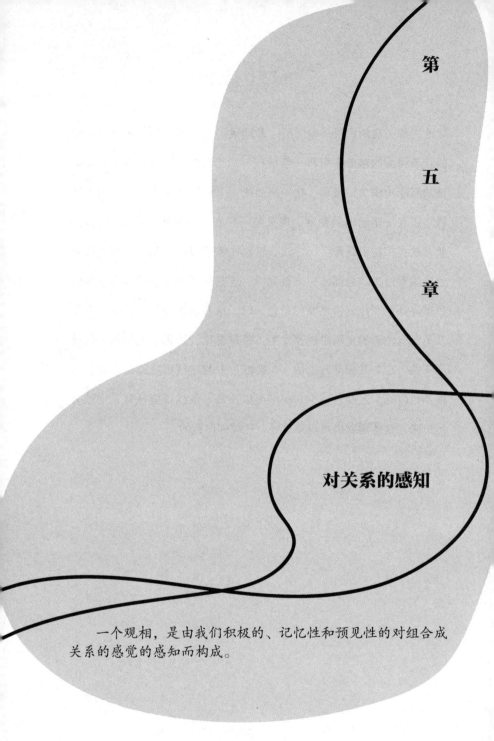

对关系的感知

一个观相，是由我们积极的、记忆性和预见性的对组合成关系的感觉的感知而构成。

为什么会这样？简单地说，由于颜色（和声音）本身是通过对视觉和听觉器官的外部刺激强加给我们的，正如通过与我们的皮肤、肌肉、味觉和鼻子有关的神经和大脑机制，从外部强加给我们的各种温度、质地、味道和气味一样。然而，形状不是如此随意地**被看到**或**被听到**，而是至少直到我们认识它们之时，通过满足但也可能拒绝满足这些感官刺激的精神和身体活动，才会被我们去**注视**或去**聆听**，也就是说，**被接受**或**被领会**。此外，也因为这些我们自己的精神和身体活动，可以在我们所说的记忆中不断重演，而不需要重复最初启动它们的感官刺激，甚至是在出现不同刺激的情况下重演。

就精神科学而言，颜色和声音，一如温度、质地、味道和气味，都是**感觉**（sensation）；而形状，在最完整的意义上，是**一种感知**（perception）。**感觉**和**感知**之间的区别是心理学的一个专业性问题；但正是基于这种区别，就解释了如下问题：为什么形状能够被观照，并提供与"美的"一词相关的满足感；而颜色和声音，除了被组合或可以组合成形状，则不能。此外，这种区别将使我们准备好理解所有心理美学的主要事实，即我们从形状中得到的满足或不满足，是对我们自己直接或间接活动的满足或不满足。

从词源和字面上看，**感知**意味着**领会**或**接受**的行为，以及该行为的结果。但是，当我们这样**感知**一个形状时，我们所领会或接受的究竟是什么？起初，它似乎是这种形式被体现出来的**感觉**。但片刻的反思将表明，不可能是这样，因为感觉仅仅是从外部强加而提供给我们的，我们在其中没有执行任何感知的行为；而且，除非我们的感觉器官以及与其相关的大脑中枢出现故障，我们只是被动地、毫无主观意愿地去接收——那个站在山上的人被那种蓝色、丁香色和黄褐色的感觉所侵袭，就像他可能会被山下田野里的干草味所侵袭一样。不：我们如此积极地领会或接受的不是感觉本身，而是这些感觉之间的**关系**，正是这些关系而不是那些感觉本身，在彻底的字面意义上，**构建**而成了一个形状。正是这种**对于形状的构成**，对它们的组成关系的领会或接受，对我们来说是一个积极主动的过程，一个我们可以执行或不执行的过程。当我们不是**看到**（see）一种颜色，而是**注视**（look at）一种形状时，我们的眼睛不再只是被动地接受各种光波的作用，而是变得活跃起来，以一种或多或少的复杂方式活跃起来；调整其不同的敏感部位以满足或避免刺激，调整其焦点，就像是在使用观剧望远镜，并且如其一般，将焦点向右或向左、向上或向下转动。

此外，除非是处理非常小的表面，我们的视线在我们的头脑中移动，由此使我们的头部有时甚至是我们的整个身体随之移动。毫无疑问，类似的主动过程将**倾听**（listen）与单纯的**听见**（hear）区分开来；尽管心理—生理学似乎仍无法解释，内耳精确的调整与眼睛的微小调整之间的相对应，人们普遍认为，听觉注意力的集中是伴随着声音部分的调整，或是在为这种调整做准备，这解释了我们会跟随一系列提示的固有印象：当颜色和光线出现提示时我们**会跟随**，但当连续的味觉或嗅觉出现时，在**与我们的活动关联**的意义上，我们并**不会去跟随**。除了注视和倾听——而不仅仅是看到和听到——所必需的明显的或可预测的身体活动，还有一种精神活动，包括所有对形状的感知，以及所有**对意义的领会**，即所谓的**注意力**和**记忆**。一本美学入门书没有足够的篇幅去解释这些我们可称之为"机能"的任何一种心理学定义。此外，我更希望在这本书中只去处理在读者们日常体验中（无论多么不被注意）可以发现的心理事实，而不是需要在专业的检视或实验室实验的人为条件下来发现它们。因此，我将赋予**注意力**和**记忆**这两个备受争议的词，仅仅是我们在日常语言中所熟悉的粗略的、现成的意思，并请读者注意，不管心理学家最终证明或反驳**注意力**和**记忆**是什么，此二者——且让我们不那么科学性地称之为"机能"——主要用来区别**感知**和**感觉**。例如，在领会或估量一个可看见或可听见的形状时，我们在用注意力做一些事情，或者我们的注意力在我们身体内做一些事情：四处游移，回到起点，作个总结。这样的游移，不仅是在当下同时被给予的东西之间，甚至更是在一个最近的过去所被给予的东西之间，以及我们期望在最近的未来所被给予的东西之间；被抛在身后的过去而成为过去，以及被向前投射的过去而成为未来，这二者都使**记忆**的活动成为必要。我们的感触和肌肉不仅针对现在的感觉去调整，还要针对未来的感觉去调整，以及针对过去作不断的调整。我们的注意力有一种保持和坚持，一种向前又向后的反应，还有很多关于期待、满足和失望的戏剧性，或者用心理学家的说法，关于紧张和放松的"戏剧"。这种小"戏剧"涉及所有的注视或聆听，尤其是对可见的或可听的（或许我可以加上智力的或**语言的**）形状的所有估量，具有与情绪变化相对应的精准呼应：理解的容易或困难引发胜利或失败的感触，我们将在后面处理这一问题。尽管各种感知活动本身没有被注意到（只要简单且不受干扰），但我们仍会意识到某一个中断或某一个缺口——无论何时我们大脑中的"眼睛"（如果不是作为我们身体部位的眼睛），忽略了从一个几何图形的一边到另一边，或从中心点到圆周处的扫视；或是当我们大脑中的"耳朵"未能跟随从某个特定音符到另一个的时候，就像我们在演讲或布道中睡着了一秒钟一样——用通俗的话说，我们**错过了**一些关于细节或通道的**诀窍**。在这种注意力的缺失中，我们所忽略的是一种**关系**：一条线的长度和方向，或一个音程的跨度，或者，就词语而言，名词和动词的指称，以及动词时态的协调一致。正是这种或多或少错综复杂、层次分明的关系，将原本毫无意义的感觉的并置或序列，转化为重要的能被记忆和识别的存在——即使组成它们的感觉被完全转换了——即**形状**。在我们前述的公式中，"美的"意指观照某个观相时的满足，我们现在可以补充说，一个**观相**，是由我们积极的、记忆性和预见性的对组合成关系的感觉的感知而构成。

第

六

章

形状的基本要素

  对形状的感知主要取决于我们所做的动作，以及我们所进行的测量和比较。各种关系构成形状的基本要素，其中最让人熟知的，是对称和节奏。

现在让我们来研究其中的一些关系，不是按照实验心理学赋予它们的谱系或等级顺序，而是就它们构成**形状**的要素而言，尤其是当它们表明了我想让读者深入了解的普遍性原则时，即对形状的感知主要取决于**我们**所做的动作，以及**我们**所进行的测量和比较。

首先，我们必须检查的是**延展**（extension）本身，它将我们对视觉和听觉的主动处理与我们对味觉和嗅觉的被动接收区分开来。就后者而言，一系列类似的刺激会影响我们，如间歇性的"更多的草莓味道"或"更多的玫瑰气味"，或持续的模糊的"有强烈或微弱的草莓味道"和"有柠檬花的气味"；而我们的视觉器官是可移动的，它报告的不是"白底上有更多的黑色"，而是"在白色底面上有很多黑色的线"，也就是说，它报告的是与自身运动相适应的某种**延展**。这种延展的性质也存在于我们的声音感知中，尽管对其的解释不那么显而易见。在我们称之为"真实"的空间中，音符并不存在（只有发声的物体和空气振动），因为我们的眼睛和我们的移动对此的解释是一致的；但音符是可以体验到的，即被想得到和感触到的，存在于属于其自身的虚拟空间中。这个"音乐空间"，正如达瑞克（M. Dauriac）[①] 对其正确的称谓，它有着与我们听到或

---

① M. 达瑞克（M. Dauriac），生卒年不详，19 世纪末法国学者，主要研究领域为哲学、音乐美学、音乐心理学等。

再现音符的能力相对应的边界，以及与我们对人类声音的习惯体验相对应的中心区域；在这个"音乐空间"中，音符被体验到以离心和向心的方向上下起伏着，以彼此间有一定的跨度或间隔而存在着；所有这些都可能是来自我们内部和听觉器官可预测的肌肉调节，以及我们自己产生的、往往是仅仅想到声音时的明显感觉。在一瞥扫视的视觉感知中，内眼（inner eye）、外眼（outer eye）和头部的肌肉的调整，与任何其他肌肉活动过程一样，容易被打断或持续；它的连续性将对颜色和光的纯粹连续感觉组合成一个延展性的统一体，由此，相同的对颜色和光的连续感觉可以被体验为**一个延展**，或两个、多个延展，根据扫视是否连续或中断而定；如果并不过度，眼睛的扫视往往是连续性的，**除非有新的方向需要新的肌肉调整**。而且，除非一个**延展**超出了眼睛和头部的任何一次单独运动，新的调整就是对我们所说的**方向改变**的回应。因此，正如我们前面谈及声音时所言，延展有各种模式，与属于我们自己的某些东西相对应：一个**中间**的延展，并不是对应我们视野的中间，因为它本身可以通过头部的运动升高或降低，而是在对应我们身体的中间；**上下左右**的延展，也是指我们的身体，或者更确切地说是指眼睛和头部在试图看到我们自己的身体末梢时所作的调整；因为，正如每一本心理学入门书都会教给你的那样，单纯视觉及其肌肉的调整，只能解释高度（上下）和广度（左右）的维度，而作为第三维度或立体维度的深度是运动的高度复杂的结果，我认为其中包括了思维的理解。由于我们是在处理**观相**而不是**事物**，我们还没有涉及这个**立体**或**三维空间**，而是将自己限定于高度和广度上的延展的二维之中，这两个维度足以满足可见形状的存在、特性，或者更准确地说，**本质**。

因此，这样的一个形状主要是一系列较长或较短的**延展**，通过朝向或远离我们自己的中心或末端的单独一瞥，以及某种特定的，以我们自己的轴心和我们所站立的地面为基准进行的角度衡量。但是，每当我们的注意力向外转移时，这些延展和定向的行为不再被认为是被我们测量和定向的——实际上这些行为确实是我们自己完成的——这些行为就会被转化为客观性的术语：由此，我们说每一条线都有一个给定的长度和方向，与水平或垂直方向相近或相差很多。

到目前为止，我们只与自己建立了关系。现在，我们继续以我们自己的轴线和中心为参照，将一种延展行为与另一种进行比较，并测量从一种延展行为到另一种所需的调整；用日常话语来说，我们意识到不同的线条在长度、方向和定位上既**相似**，又**不同**。我们**比较**；通过比较，我们把它们**结合**起来，纳入我们意图的统一之中：我们认为它们在一起，就认为它们属于彼此。同时，将每一条线与我们的关系，与它的同伴与我们的类似关系进行这种比较的过程，产生了进一步的测量和比较行为。因为当我们从一条线到另一条线

时，我们会意识到——我该如何表达呢？——它们之间存在一个
"无"，我们称之为**空白处**，因为我们体验到一种特殊的感觉间的**空
白**，比如说我们将这些特殊感觉称为红色和黑色，我们以此来面对
和处理这些线条。在我们所注视的线条的红色和黑色的感觉之间，
可能会有其他颜色的感觉，比如纸的白色，我们会适时地接收到这
些白色的感觉，因为除非我们闭上眼睛，否则我们无法避免地会接
收到它们。尽管我们接收到这些白色的感觉，但它们不会被关注，
因为它们不是我们所忙于面对和处理的。我们对白色的感觉是**被动**
的，而对黑色和红色的感觉是**主动**的；我们不会去测量白色；我们
不会像扫视红色和黑色那样去扫视它。在**其他条件相同**的情况下，
我们对主动状态的紧张意识总是使夹在它们之间的被动状态变得无
足轻重；因此，当我们专注于我们的红色和黑色延展，以及它们之
间的相对长度和方向时，我们将把那些无趣的白色延展视为一片**空
白**，一个缺口，只是分隔了我们感兴趣的对象，对我们的头脑来说，
它的存在仅仅来自把那些有趣的、被主动测量和比较的线条分隔开
的关系。由此，我们**主动感知**和**被动感觉**之间的差异解释了这样一
个事实，即每个可见形状都由线条（或条带）组成，这些线条（或
条带）是根据我们自身的眼睛调节以及我们的轴线和中心被测量和
比较的；正如我们所表达的，线条存在于**空白空间**中，即没有被作
类似测量的空间；此外，线条之间相互**包围**着更多的空白空间，空

白空间本身不被测量，但受制于包围它的线条的测量。同样地，每一个**可听到的**形状不仅由环绕着**沉默**的声音组成，而且由我们所听到的音调组成，在这些音调之间，我们意识到可能被过渡的音调和半音所占据了的，位于中间的**空白音程**。换句话说，可见和可听的形状是由**积极主动**的注意力和**被动**的**接收**交替组成的，前者是移动的、进行测量的、进行参照的、进行比较的注意力；后者是对纯粹感觉的相对缓慢的接收。

这一事实意味着另一个非常重要的事实，我其实已经暗示过的事实。如果感知形状意味着比较线条〔它们可能是**带状的**（bands），但我们称之为**线条**（lines）〕，而线条只能通过连续的眼球运动被测量，那么比较的行为显然包括**记忆**的合作，无论多么短暂。齐彭代尔式椅背（Chippendale chair-back）① 的两半同时存在于我眼前，但我无法同时估量左右两边的曲线的长度和方向。我必须将其中一半的形象保持延续，并在我们称之为"头脑"（mind）的某个地方把它与另一半结合起来；不，我甚至需要这样做，通过扫视来测量构成图案的每一条单独曲线，就如同我应该用卷尺连续测量它们，

---

① 托马斯·齐彭代尔（Thomas Chippendale，1718—1779），英国乔治王朝最杰出的家具师之一，他的作品被称作"齐彭代尔式家具"，具有结构稳固、线条优雅等特点。1754 年他的书作《家具制作指南》在英美社会流行，成为后世家具设计的经典，他也被称为"欧洲家具之父"。

然后记住并比较它们的不同长度，虽然扫视的视觉过程对于卷尺测量过程来说，就像我们的时间中的一分钟对于几百年来说一样。这就意味着，对可见形状的感知，甚至像对可听形状的感知一样，都是**在时间中**发生的，因此需要**记忆**的合作。现在，听起来可能很矛盾，记忆实际上意味着**期望**：可以说，对过去的利用是为了成就我们称之为**未来**的愿景性的事物。因此，当我们测量一条线的延展和方向时，我们不仅**记起**了之前测量的另一条线的长度和方向，而且我们还**期待着**对**下一条线**的类似或有点类似的测量行为；就像"跟随旋律"一样，我们不仅记住前面的音调，而且**期待**后面的音调。现在、过去和未来的这种相互作用是每一种**意义**、每一个思维单元（unit of thought）所必需的；对于我们以**形状**的名义进行观照的其他意义和思考也是如此。正是由于现在、过去和未来的这种相互作用，冯特（Wundt）[1] 将紧张和放松的感受纳入形式感知的**要素**中。提及这些感受（feelings），即情感（emotion）的雏形，使我们认识到，对我们测量和定向行为的记忆和预见构成了一部微观的心理剧——我们应该称之为关于"灵魂分子"（soul molecules）的戏剧吗？——其最让人熟知的例子是可视和可听形状的两个特性，被称

---

① 威廉·冯特（Wilhelm Wundt, 1832—1920），德国生理学家、心理学家、哲学家，被公认为是实验心理学之父。代表作有《生理心理学原理》《民族心理学》《关于人类和动物心灵的讲演录》等。

为**对称**和**节奏**。

这两者都意味着已经进行了一次测量，其**跨度**的指数被保存在记忆中，达到了我们期望的与下一次测量行为会有所相似的程度。**对称**在**时间**中（因此在由声音关系构成的形状中）和在**空间**中一样存在；而通常被认为是一种特殊的音乐关系的**节奏**，一样地存在于**空间**和**时间**之中；因为对形状的感知既需要时间，也需要运动，无论这关系是在石头或纸张上客观共存的持久标记之间的，还是客观连续和稍纵即逝的声波之间的。还因为，虽然线条和声音的单一关系需要连续地去确认，但这些单一关系的组合，以及它们**作为整体和部分**彼此之间的关系，需要通过知识的综合来把握；无论是面对音符，还是面对线条。如果在任何一种情况下，当我们获得第二次测量值时却不记得第一次测量值，那么无论形状多么简单，都不会有对其的感知；这就好比说，对于一个完全健忘的头脑来说，不可能存在任何关系，因此也就没有意义。就对称性而言，关系不是仅仅指每一单独线条的长度和方向，而是在说它们与我们自己的关系，以及通过这些单独线条之间的比较建立的关系；现在还有这两者与第三者的关系，关于可见的形状——当然，其实它本身也与我们自己有关，通常是与我们自己的轴心相呼应。因此，有可能实现或阻滞的期望是对于此种双重关系的重复——一方面是对长度和方向之间关系的记忆，另一方面也是通过对长度和方向的记忆而建立的关

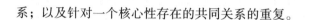

系；以及针对一个核心性存在的共同关系的重复。

节奏的情况更为复杂。因为，虽然我们通常认为节奏是**两个**项之间的关系，但实际上它是四个（或更多）项的关系；因为我们所记忆和期待的是长度、方向**或影响**之间的相似性与不同性的混合。因此在面对节奏时，我们就涉及另一个问题，它表明了所有形状要素都取决于我们自己的活动及其模式这一事实。节奏性的排列不一定是**客观上**交替的要素之间的排列，比如客观上较长或较短的图案线条，**客观上**较高、较低或较长、较短的音符。在客观数据、感官刺激一致的情况下，节奏同样存在，就像时钟的嘀嗒声一样。这些嘀嗒声将被适当的装置记录为完全相似。但我们的头脑并不是一个如此冷漠的装置：我们的头脑（不管我们的头脑究竟是什么）受到**多和少**、**生动和不那么生动**、**重要和不那么重要**、**强和弱**的交替的影响；而客观上相似的外界刺激，无论是来自声音、颜色，还是来自光线，都被认为是生动的或不那么生动的，重要的或不那么重要的，根据这种相互交替的节拍它们保持一致：由此，我们会把时钟一致的嘀嗒声看作是一个连续的过程，在这个过程中，着重点，即重要性，会被放置在构成群组的第一或第二个项身上；因此，回忆和期待的内部构成中，各项的重要性并不一样。我们听到了**强—弱**，同时记住了**强—弱**，然后我们从客观的一致性中创造出一个新的**强—弱**。这里没有客观的原因使得一种节奏多于另一种节奏；我们可以这样说，时钟的嘀嗒声并没有其内在的、本质的形式。至于**形式**，或者我更喜欢称之为**形状**，尽管形状只存在于能够建立和关联其组成关系的头脑中，但当外部世界的物质性刺激迫使所有正常构成的头脑都进行相同的知觉行为序列和组合时，它就成为一种客观存在；这一事实解释了为什么艺术家可以通过组合某些特定的客观刺激，例如纸上的颜料或适时的声音的振动，将自己头脑中存在的形状传递至观看者或倾听者的头脑中，**在其他条件相同的情况下**，从而激发起他们的感知活动，正如当这个形状最初只存在于他的头脑中时他自己的感知活动被激发了一样。

形状感知是积极主动的测量和比较的结合，也是记忆和期望的结合，对这一原理的进一步说明可以从一个事实中找到，这个事实在所有对于形状的艺术处理中都非常重要。为了简单起见，我来这样阐释：仿佛是一片空白（即无趣的）地面上的色块，一眼扫视过去，一成不变地连成一片。但这些色块，以及它们带给我们的感觉，严格来说，经常是不连续的；而构成一个形状的线条，例如在星座中，可能完全是假想性的。事实是，我们所感觉到的线条并不是一个颜色或光点的客观连续，而是我们扫视的连续，它可能是伴随着这种客观连续，也可能是取而代之。实际上，这样在各自孤立的色块之间建构起来的假想线条，有时会被认为是比真实的线条更生动地存在着，因为人们的目光不必去审视它们的各个部分，而是可以自由地从一个极端点冲到另一个极端点。此外，设计的一半效率，以及实际生活一半以上的效率的实现，都是由于我们建构了这样的假想线条。我们不可避免地、永远地以客观上并不存在的线条去划分视觉空间（在"音乐空间"中也会发生类似的事情），这些线条回应着我们自身身体的取向。每一个过程，每一条轨迹，都是如此。艺术家绘制的每一幅画，每一幅由"自然"提供给我们的风景，能够给予人感觉，都是因为它是根据一组假想性的水平线或垂直线来被衡量的。然而，正如我记得已故的 G. F. 瓦茨（G. F. Watts）① 先生向我展示的那样，我们所注视的每一条曲线都**被感觉是**一个假想圆形的一部分，由此曲线得以延长。因此，我们的测量和比较活动的总和，以及我们的记忆和期待的戏剧，都会因这些假想的线条而倍增，无论它们是否如"星座思维"一般连接了一些原本各自孤立的色彩标志，或者它们是否被确定为其他真正存在着的线条的参考标准（水平线、垂直线等）；或者，它们是否会像那些圆形一样，被认为是一个**整体**，而客观地感知到的一系列色块可能就是其中的**一部分**。在所有这些情况下，假想的线条都**被感觉到**是存在着的，因为我们感觉到使它们存在的运动，甚至感觉到这样一种运动可能

---

① 乔治·弗雷德里克·瓦茨（George Frederic Watts，1817—1904），英国维多利亚时代著名的画家和雕塑家。

是由我们自己主导的，而其实并不是。

然而，到目前为止，我只把这些假想的线条作为一个额外的证据来予以分析，以证明对形状的感知是通过我们自己的活动对二维的关系的建构，以及积极主动地记忆、预见和组合这些关系。

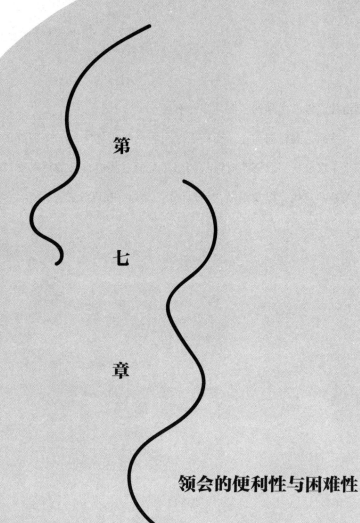

第

七

章

领会的便利性与困难性

　　形状感知的困难使观照
变得不愉快和不可能，因此使得某
些观相被赋予了"丑的"这个形容词。
但感知上的便利，一如感觉上的宜人，
对满足性的观照而言绝非是足够的，
因此也不足以使用"美的"这个形
容词。

当我们继续研究另一个在形状感知中隐含的不那么基本的关系时，我们得到了进一步的证明：整体和部分的关系。

在讨论我们感知我们的红色和黑色色块被延展的**基础**时，我已经指出，我们测量和比较的操作并不适用于我们实际看见的所有色块，而只适用于我们**注视**的色块；同样的探察也适用于声音。换言之，我们的注意力选择了某些感觉，并将建立关系、测量和比较、记忆和期待都局限于这些感觉；其他感觉被排除在外。现在，任何仅仅被看见而没有被注视到的东西，都作为如此多的**空白**或**他者**（otherness）而被排除在外；相反，任何被**包含**（在注意力范围内）的东西都因此被认为具有归属感，也就是说被包含在一起。在测量被包含的延展、方向与对等效（对称的或节奏的）延展或方向或压力的期望之间，注意力交替得越多，我们注意力所**包含**的这些项目之间的关系就越密切，**被排除在外的他者**也就越显得陌生，正如我们感觉的，它们**自我放逐**了。但是，一个有意思的悖论是，我们的注意力测量和比较的这些线条，它们一方面本身**排除**了如此多的**他者或空白**；但另一方面只要一涉及彼此，它们又倾向于**包含**一些这种无趣的空白；正是在这个或多或少被完全包含的空白处，眼睛（和想象力！）画出了假想的线条，正如我在以星座为例时所言。因此，一个圆形，比如说由红色色块构成，就**排除**了一些它绘制于上的白纸（部分）；但它又**包含**或**包围**了白纸的其余部分。在**被包围**

的空白处放一块红色色块；现在，我们的目光和注意力不仅会沿着红色的圆周运动，还会在红色的圆周和红色的色块之间来回运动，从而在两者之间建构假想的、但经过彻底测量和比较的线条。从红色色块到红色圆周画一条红线；你会开始期待在红色色块的其他边际处有相似的长度，你会意识到这些假想的线是相等或不相等的；换句话说，红色色块与红色圆周的每个点的距离是否相等。如果红色色块不是在中间，你会期待并想象另一个色块**是**。从这个**假想的中心**，你将画出假想的线，也就是说，你绝不会只是在假想中扫视红色的圆周。由此，你可以继续添加连接它们与圆周的真实的红线和假想的线；你越是这样做，你就越能感觉到所有这些真实的线条和假想的线条，以及那些被假想线条测量的所有空白，它们都是相连的，或者是有可能被连接起来的，变得越来越近，每一次注意力偶尔超越边界的"旅行"只会让你更进一步感觉到这种相互联系，并且更加期待在进一步的细节中实现它。但是，如果在扫视中你的某一视线超出圆周之外，你的注意力被圆周外的某个色块或一系列色块吸引，你要么对这个圆形不再感兴趣，转而（视线）流连在新的色块上；或者更可能的是，你会试着把这些边缘外的颜色和原有的圆周及其半径联系起来；或者，如果不能做到这一点，你将"忽略它"，就像在同心圆的图案中，你忽略了一个色带，你会说它"与它无关"，也就是与你所注视着的无关。或者，再来看一下倾听的情况。如果一个教堂钟声的音调和节奏与你正在倾听的交响乐的音调和节奏混杂在一起，你会试着把它们带进来，为它们寻求一个位置，**期待**它们与其他音调或节奏能够融合起来。如果不成，一两秒钟后，你就会不再注意那些钟声，不再倾听它们，而把你所有的注意力重新集中在那响亮的整体上，将"闯入者"驱逐其外；否则，这种"入侵"会再次成为一种干扰，钟声一旦**被倾听到**，就会妨碍你充分地聆听交响乐。

此外，如果延展、方向、真实或假想的线条，或者音程，存在的和不存在的之间交替的数量，对你的测量和比较能力来说太大，尤其是如果这一切都超过了你的回忆和期望的习惯性互动，你会说（就像以前一样，一个过于复杂的图案或一段有着不熟悉的和声和节奏的音乐）你"无法领会它"——你"错失了其中的窍门"。你会感觉到，你无法将部分保持在整体之中，边界消失，被包含的东西与被排除的东西结合在一起，事实上，所有的**形状**都陷入混乱之中。仿佛要再一次证明我们的普遍原理原则的真理性，你会有一种被人戏弄的糟糕感觉。被阻碍和浪费的是你各种各样的测量、比较和协调活动；你的期望被戏弄了。你不但不能带着满足去思考所有这些烦恼和失望的客观原因，反而会完全避免思考它，并通过将那些混乱或徒劳的线条或音符的组合称为"丑的"来解释你的回避。

由此，我们似乎有了一个很好的解释方法；事实上，较早的心理学家，比如已故的格兰特·艾伦（Grant Allen）①，并没有在研究上更进一步。但是，要解释为什么一个难以感知的形状会不被喜欢并被称为"丑的"，绝不等于解释为什么其他形状会被喜欢并被称为"美的"，尤其是一些丑的形状恰好比一些美的形状更容易领会。读者一定会记得，所有的克服困难和所有的理解都具有一种特殊的乐趣。但是，这种双重快乐既可以从形式感知中获得，同样也可以从其他任何对意义的成功领会中获得。没有理由去解释这种快乐在一种情况下会比在另一种情况下重复得更多；也没有理由解释为什么我们一旦领会了一个形状，就会重复地注视它（这就是我们所说的观照），而不是继续对它进行细想，不断重复我们计算出一个几何命题或解开一个形而上学的难题的心理过程。胜利的感觉在克服了困难的感觉之后很快就结束了；受到启发的感觉以获取了一条信息而结束；我们会继续前行，去面对那些新的障碍和谜团。但当我们谈及"美的"时，情况就不同了。"美的"意味着满足于观照，也就是说满足于重复的感知；而观照的满足感的本质就是它对于这种重复的渴望。较早的心理学或许可以通过感官要素的愉悦性来解

① 格兰特·艾伦（Grant Allen, 1848—1899），英国生理学家、美学家。著有美学著作《生理学美学》（1877）和《色彩感觉》（1890）。

释这种重复的趋向，属于感官要素的纯粹颜色和声音构成易于感知的形状。但是，鉴于其他形状也是由同样令人愉悦的感官要素组成的，这并不能解释为什么，我们不会从一个曾经感知到的形状或形状组合转向一个新的形状或形状组合，从而获得除了颜色或声音的感官愉悦之外的，伴随着每一次成功的智力努力而来的那种胜利和启迪的感觉持续的全新的产出。或者，换言之，看到绘画和音乐使用了已经被选定为令人愉快的感官要素，我们不会希望看到同一幅画两次，或者继续注视它；我们不会希望重复同一首乐曲或它的不同段落；更不用说在我们的记忆中珍藏这幅画或这首乐曲了，一遍又一遍地回忆它，就像它的"形状"已经成为我们的永久性的拥有物一样。

因此，我们回归到这样一个事实：虽然受阻碍的感知足以让我们拒绝一个形状并视之为"丑的"，即由此我们避免陷入对其的观照，但简单的感知绝不足以让我们珍视一个形状将之视为"美的"，即让我们重复感知的戏剧性变得令人向往。我们将不得不研究，是否有其他一些形状感知的因素，来解释这种对同一个事物而非其他事物重复注视的偏好。

同时，我们也可以在我们的公式中增加一点：形状感知的困难使观照变得不愉快和不可能，因此使得某些观相被赋予了"丑的"这个形容词。但是，感知上的便利，一如感觉上的宜人，对满足性的观照而言绝非是足够的，因此也不足以使用"美的"这个形容词。

第

八

章

主体与客体，或主格与宾格

　　人们在进行形状感知时，一个重要的心理过程正在发生：作为主体的感知活动与作为客体的感知对象的性质的融合。于是出现了有趣的本末倒置——被感知的客体占据了主格，移情由此产生了。

但在讨论形状感知中的另一个因素,即移情的诠释（Empathic Interpretation）之前,我需要预先阻止读者针对我前面几章提出的必然反对意见;更具体地说,在澄清这一异议的基础上,我将能够为我进一步的解释奠定基础。反对意见是这样的:如果那个在山上的人意识到进行了任何——更不用说所有——被描述为构成形状感知的各种操作,那么这个人和任何其他人都无法从这样感知到的形状中获得愉悦。

我的回答是:我什么时候说过或暗示过他**意识到**自己做了这些?在不知不觉中执行流程不仅是可能的,而且是非常常见的。例如,这名男子没有**意识到**自己在进行眼睛调整和眼球运动,除非他的视力确实出现了问题。然而,他眼睛的运动是可以被拍摄下来的,而关于他的眼睛调节的问题在十余篇论文中都有详细的描述。他没有意识到自己在**进行**任何测量或比较,就像我们意识不到自己的身体在**进行**消化或循环一样,除非当这些进行得不好时,我们才会有所意识。但正如从意识到动物性精神的意义上说,我们意识到我们的消化和循环过程的充分运行,他也意识到他的测量和比较,因为他意识到 A 到 B 的线比 C 到 D 的线长,或者 E 点与 F 点相比往左了半英寸。只要我们既不检视自己,也不被要求在两种可能进程之间做出选择,也不被迫做或遭受困难或痛苦的事情,事实上只要我们专注于吸引我们注意力的事情,而不是我们投射注意力的流程,这些流程在我们的意识中就会被由其活动所产生的确定的事实所取代，例如，经由线条活动而产生的线条之间的比例和关系。这些产生的结果不会与产生它们的起因相类似，心理要素（正如它们被称之为的）会随着我们的关注而出现和消失，也会融合成无法解释的化合物［布朗宁（Browing）① 所写的"不是第三个声音，而是一颗星星"（"no a third sound，but a star"）］，这确实是一门科学——作为其研究对象的过程恰恰也是其展开研究的路径——所面对的难题。但之所以会如此，是因为这是心理学的基本事实之一。就我们目前所关注的而言，心理过程及其结果之间的不同正是心理美学所基于的事实。我坚持这一点并不是为了让那个在山上的人确信他自己的形状感知行为，甚至也不是为了解释他为什么没有意识到这些行为。我所阐述的原理，让我们称之为**主体的感知活动与感知对象性质的融合**，这解释了在那个毫无疑心的人身上发生的另一个相当重要的心理过程。

但在开始之前，我必须更清楚地说明那个人在**自我意识**问题上的立场。他确实意识到了自己，在他观照那片风景的过程中，有一种想法出现："好吧，我必须离开，也许我再也见不到这个地方了。"或

---

① 罗伯特·布朗宁（Robert Browning，1812—1889），英国维多利亚时代诗人，接受了17世纪玄学派诗歌的影响，用形象表达哲理的论述，喜用独特的譬喻，有的诗作流于晦涩。他在世时诗名不如丁尼生，但当代评论视他为现代诗歌先驱之一，T. S. 艾略特、庞德、弗罗斯特等当代诗人都吸收了他的"戏剧独白"手法写作。

者是某种无限简化的形式——也许只是一个转身离开的粗略姿态，伴随着一种轻微的**依恋感**，他一生都说不出这来自于他身体的哪个部位。那一刻，他敏锐地意识到，他**不想做**一些可选择去做的事情。或者，如果他被动地默许了离开的必要性，但他意识到他**想回来**，或者无论如何都想尽可能地带走他所看到的一切。简言之，他意识到自己要么是在努力把自己撕裂开来，要么，如果是其他人或单纯的习惯让他省去了这一努力，他意识到自己在以另一种努力把这幅风景留在自己的记忆中，并意识到未来的自我会努力地返回这处风景。我称之为**努力**；如果你愿意，你可以称之为意愿；不管怎么说，这个人都知道自己是一个动词的主语——执着于它，要（以将来时态）**回到它**，要**选择它而非其他替代物**；简言之，他是动词"**喜欢**"或者"**爱**"的主语。这些动词的宾语是这片风景。但是，除非这个人的观照被类似于"这是他自己的行动或选择"的想法击中，否则他会用"这片风景**真是**非常美"来表达这种情况。

请注意这个"真是"。我想让你们注意一个公式，根据这个公式，这片风景不再是这个人注视和思考的宾语，而是成为动词"某某"的主语。这种语法转换是我以哲学的语言来表述的，**主体活动融合到客体活动中**的标志。它已经发生在涉及简单感觉（sensation）的范畴中，不是说"**我**尝到或**我**闻到了好的或糟糕的东西"，我们说"**这东西**尝起来或闻起来不错或糟糕。"我现在已经向你们展示了，当我们进入更复杂、更活跃的过程即感知（perception）时，本末倒置的倾向是如何增加的；将"我测量这条线""我比较这两个角"变成"这条线从 A **延伸**到 B""这两个角**相等**，都是直角"。

但在进行最后的反转之前——"这片风景**真是**很美"，而不是"**我**喜欢这片风景"——还有另一种更奇怪的主体活动与客体性质的融合。这是进一步把车放在马之前①（你会看到，把只有马才能做的事情归因于车!），即属于德国心理学家称之为"移情"（Einfühlung）或"感染"（Infeeling）的范畴，铁钦纳教授②将其翻译为"移情"（Empathy）。在我们对形状的感知中，这个新的、相对而言新近发现的要素很可能是——撇开纯粹颜色和声音的感觉带来的愉悦不谈——对与"美的"一词相关的任何满足感都发挥主要作用的因素。我已经给了读者一个这样的移情的例证：当我描述那个人在山上看到的风景时，它是由一条天际线组成的，"下降只是为了以急剧的凹形曲线再次上升"；对此我可以继续补充，那里还有一片**延伸**的平原，一个**蜿蜒**的山谷，**曲折通幽**的小径，**随地势起伏**的道路。但最好的例子是，我说，在那个人的对面，有一座遥远的山**腾空而起**。

---

① 意为"本末倒置"。

② 爱德华·布雷福德·铁钦纳（Edward Bradford Titchener，1867—1927），英籍美国心理学家，实验心理学的代表人物之一。他继承和发展了冯特的实验心理学，于 1898 年正式创立构造心理学学派。

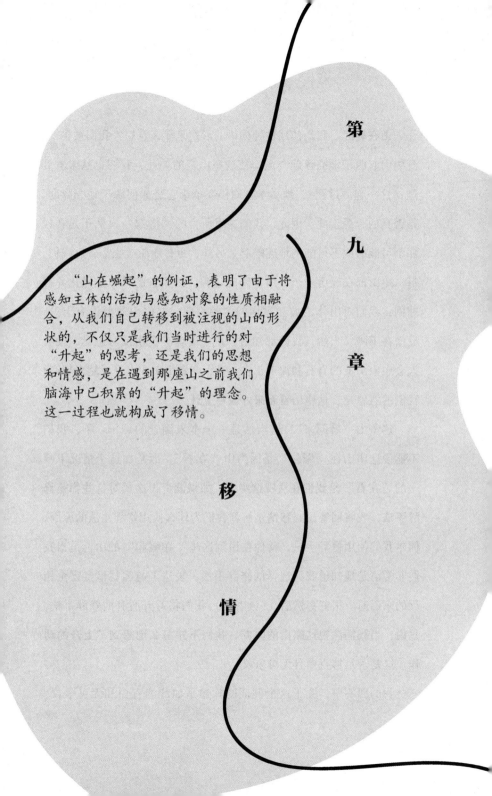

第

九

章

移

情

"山在崛起"的例证，表明了由于将感知主体的活动与感知对象的性质相融合，从我们自己转移到被注视的山的形状的，不仅只是我们当时进行的对"升起"的思考，还是我们的思想和情感，是在遇到那座山之前我们脑海中已积累的"升起"的理念。这一过程也就构成了移情。

山在**崛起**。我们使用这种词语的形式是什么意思？我们被告知，有些山起源于**地壳隆起**。但即使这座山真的如此，我们也从未看到过（这一起源过程），地质学家们仍在争论它是如何源于地壳隆起，是否真的起源于此。因此，我们这里所言的"崛起"显然不是在说那个可能的或不可能的**地壳隆起**。另外，所有地质学家都告诉我们，每一座山都在经历一个不断**下降**的过程，因为它的颗粒被风化并被冲刷；我们对山体滑坡和雪崩的了解表明，这座山非但没有上升，反而在**下降**。当然，我们都知道，正如读者会提出反对意见，没有人会想象山上的岩石和泥土正在上升，或者山正在上升或越来越高！我们的意思是，这座山**看起来**好像在上升。

这座山"看起来"！这当然是一个本末倒置的例子。不，我们不能说这座山在"崛起"是因为山"在看"，而是在这个情况下唯一的"在看"是**我们**在注视这座山。如果读者再次反对这些都是**修辞手法**，我将回答说，**移情**是解释我们为什么使用修辞手法的原因，偶尔我们使用修辞手法，就像在说到这座"在崛起"的山，是当我们非常清楚地知道我们选择的修辞手法，表达了与客观事实完全相反的东西时。很好；然后，（读者说）我们将避开所有的修辞手法，只说：当我们注视这座山的时候，我们**不知怎么地想到了上升的动作**。这是否足够直白且无可争议？

我的回答是，关于这个例证的陈述是如此的直白和无可争议，以至于当我们来研究它时，它解释了我们为什么说这座山在上升。因为如果读者还记得之前关于形状感知的章节内容，他将很容易回答为什么我们在注视山的时候会想到上升，因为我们不能在注视山、树、塔或任何类似的我们说它**在上升**的东西时，而不向上移动我们的视线，抬起我们的眼睛，还可能抬起我们的头和脖子，所有这些提升和抬起的动作结合在一起，由此形成了一种一般性的意识：有什么**在上升**。我们意识到的上升的动态正在我们体内进行。但是，读者也会记得，当我们全神贯注于自己之外的事物时，当我们全神贯注于注视那座山的形状〔因为我们只能**注视**形状，而不能注视物质（substance）〕时，我们就不再想到自己，不再如思考这座山的形状那样的程度去思考自己。因此，我们对于提升、上升或崛起的意识会怎样？除了它与我们所看到的形状结合在一起，它还能变成什么样呢（只要它继续存在！）；简言之，上升的动态会继续被考虑，但不再被考虑为与我们自己相关（因为我们没有想到自己），而是与我们正在思考的相关，即那座山；或者更确切地说，山的形状，这也继而成为所有关于上升想法的缘由和驱动因素，因为它迫使我们"提升""上升""崛起"自己以便来估量它。这种情况恰恰类似于我们将眼睛所做的测量转移到我们所说的从 A **延伸**到 B 的直线上，而实际上唯一的**延伸**是我们的视线的延伸。这就是我所说的将感知主体的**活动**与感知对象的性质相结合的倾向。事实上，我如此

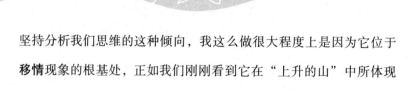

坚持分析我们思维的这种倾向，我这么做很大程度上是因为它位于**移情**现象的根基处，正如我们刚刚看到它在"上升的山"中所体现的那样。

读者（松了一口气又放心地）说，如果这是移情，那么我是不是能理解为，移情就是将我们注视形状时自身所发生的，归因于形状本身吗？

很抱歉，事情并不是那么简单！如果我们认为只是将观察形状过程中碰巧完成的精确动作归因于形状本身的话，那么移情确实是一件简单的事情，但它也是一件相对较浅薄的事情。不。山的**升起**不仅是一个起始于我们意识到自己的眼睛、头或脖子的抬起或升起的想法，而且它是一个包含着对这种抬起或升起有所意识的想法。但这远远不止是我们在当下这个特定的时刻，在与这个特定的山脉相关联的情况下所进行的抬起或提升的动态的想法。这一当下的和特定的抬起、提升仅仅是吸引我们回忆起所有类似抬起或提升行为的核心。这是我们曾经完成或看到完成的，不仅是我们的眼睛和头部，而且是我们身体的任何其他部分，以及其他任何身体的任何部分，让我们感知到了"上升"。不仅是想到了过去的"上升"，还想到了未来的。所有这些由我们自己完成或在他人身上观察到的、我们实际上经历过的或仅仅是想象过的"上升"，早就在我们的头脑中结合在一起，构成了某种合成照片，消除了所有的差异，融合并强化了所有的相似性：关于"上升"的一般性想法，不是"我上升，曾经上升，即将上升，它上升，已经上升或将要上升"，而仅仅是"上升"——不是用动词"上升"的任何特定时态或人称表达，而是用该动词的不定式①表达。这是一个普遍适用的"上升"概念，它在我们的头脑中是从我们注视那座山时意识到的上升或崛起的特定的当下的行为开始的，而且这一关于"上升"即**上升运动**的一般性想法，它随着我们当前提升我们的某个部位的特定活动而转移到山上，对这种微弱的、小小的关于一次上升的想法，以兴趣和情感的丰厚予以加深、丰富和标识，而这种丰厚，是在它漫长的、多种多样的存在中汇聚和积累起来的。换言之，（由于这种将感知主体的活动与感知对象的性质相融合的倾向，）我们正在从我们自己转移到被注视的山的形状的，不仅仅是我们当时真正进行的对"升起"的思考，还是我们的思想和情感，是在我们遇到那座特定的山之前，脑海中就已经积累了的这样一种关于"升起"的理念。这是一个复杂的心理过程，通过这个过程，我们（毫无犹疑地）对于那惰性的山，那无实体的形状，将我们累积的、平均化的和基本的行动模式，投入其中。经由这一过程我们使得**山自己升起**，这构成了——采用铁

① 在英语语法中，动词不定式指动词的一种不带词形变化从而不指示人称、数量、时态的形式，被称为不定式，是因为动词不被限定。在此作者使用它进行表述，意指具有普遍意义的"上升"。

钦纳教授对德语单词 Einfühlung 的翻译——我称为的移情。

德语单词 Einfühlung "感觉进入"（feeling into）源自一个动词，意思是**感觉自己进入某物**（"sich in Etwas ein fühlen"），甚至在洛采（Lotze）① 和费肖尔（Vischer）② 将其应用于美学之前，以及在李普斯（Lipps，1897）③ 和冯特（Wundt，1903）将其应用于心理学术语之前的几年，就已经开始使用；由于它现在已经被奉为圭臬了，而且我也没有更好的想法，所以我不得不采用它，尽管这个德语单词的字面含义，围绕着它的中心意义（正如我刚才定义的那样）存在一些恶作剧般的误解。针对这些误解的其中两个，我认为有必要提醒一下读者，尤其是在这样做的同时，我可以通过展示它不是什么，而使得什么才真正是移情更为清晰。这两种主要误解中的第一种是基于德语动词 "sich einfühlen"（感觉**自己**进入）的反身形式，它将移情定义为，或者宁愿不去定义，自我（ego）在观察对象或形状中的一种形而上学和准神话式的投射；认为移情是一种与事实并

① 鲁道夫·赫尔曼·洛采（Rudolf Hermann Lotze，1817—1881），德国心理学家、哲学家，价值哲学创始人。代表作有《医学心理学》《心理学大纲》。

② 罗伯特·费肖尔（Robert Visher，1847—1933），德国美学家。代表作是《视觉的形式感》。其父是弗里德利希·费肖尔（Friedrich Vischer，1807—1887），德国哲学家、美学家。从其父 "审美的象征作用" 这个命题出发，罗伯特·费肖尔发展出 "移情作用" 这一概念。

③ 特奥多尔·李普斯（Theodor Lipps，1851—1914），德国心理学家、美学家，德国 "移情说" 美学主要代表。代表作是《空间美学和几何学：视觉的错觉》。

不相容的观念——移情仅仅是我们已经解决过的，感知主体的活动与感知对象的性质之间的各种混合的又一种，取决于关于自我（ego）的所有思想相对或暂时的停顿；如果我们意识到正是**我们**在思考那种上升，我们在**感受**那种上升，我们就不应该认为或感觉到山在上升。另一种（我们稍后会看到）对移情这个词更具合理性的误解是基于它与共鸣（sympathy）的类比，并将其转化为一种共鸣性的，或者如人们所说的，一种**内在的**即仅仅是**感觉到的**摹仿。例如，对山的**升起**的摹仿。毫无疑问，这种摹仿，不仅是**内在的和感觉到的**，而且是外在呈现的，通常是由非常活跃的**移情**想象产生的。但是，由于它是对运动和动作的摹仿，无论是内在的，还是外在的，就像山的"升起"一样，只发生在我们的想象中，它以无生命物体这种在先的活力为先决条件，因此不能被视为构成或解释了移情本身。

正如我在"山在升起"的例证中定义并举例说明的那样，移情与纯粹的感觉一起，可能是审美观照中的偏好——满足和不满足的替代物——的主要因素，通过肌肉的调整以及测量、比较和协调的活动，移情被启动了——实际上时而是困难的和痛苦的，屈从于一种消极的满足感，顶多是克服困难和解除悬念的满足感。尽管再没有什么像对形状的观照那样使得移情得以被培养，但移情在我们的精神生活中的确存在或倾向于存在。事实上，它是我们的一种更简单的，虽然远不是绝对基本的心理过程：进入所谓的想象、共鸣，以及从我们自己的内心经验中得出的推论，这些经验塑造了我们对于一个外部世界的所有概念，在没有持续和高度统一的内在经验，也就是没有我们自己的活动和目标的框架的情况下，我们所获得的是断断续续、多种杂糅的感觉。移情可以在所有的言语和思维模式中找到，尤其是在"行动"、"拥有"和"趋向"的普遍属性——我们真正能够断言的是连续和多样的存在——之中找到。科学确实以非拟人化的方式解释了**力和能量、吸引力和排斥力**的含义；哲学已经把**因果关系**从暗示着意图和努力简化为仅仅意味着连贯的持续性。但移情仍能帮助我们进行许多有价值的类比；而且，如果人类的思想不具备不断检视又不断更新的行动，它就可能没有逻辑上的说服力，就像它肯定没有诗意的魅力一样。事实上，如果移情是最近才被发现的，这可能是因为它一直是我们思维的组成部分；以至于我们发现它的存在时很惊讶，一如莫里哀（Molière）① 笔下的好人听到了那被反复提及的老生常谈（时的反应）。

---

① 莫里哀（Molière，1622—1673），本名让·巴蒂斯特·波克兰（Jean Baptiste Poquelin），法国喜剧作家、演员、戏剧活动家，法国芭蕾舞喜剧的创始人。莫里哀是他的笔名，法语意为长春藤。代表作品有《无病呻吟》《伪君子》《悭吝人》等。

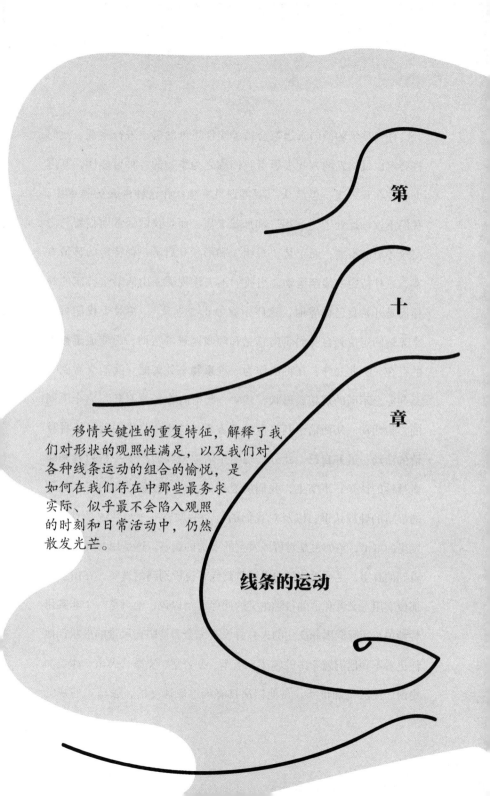

第

十

章

移情关键性的重复特征，解释了我们对形状的观照性满足，以及我们对各种线条运动的组合的愉悦，是如何在我们存在中那些最务求实际、似乎最不会陷入观照的时刻和日常活动中，仍然散发光芒。

线条的运动

任何移情的倾向永远都会被务实性思维的需求进行检视。我们被要求以最概括的方式去思考我们称之为事物的各种可能性，其过去、现在和未来，思绪从一项再到另一项；在这种散漫的思维中，我们不仅远远处于"观相"和形状之后，而且我们经常面临着与之完全矛盾的事实；而正是"观相"和形状开启了一种特定的移情方案，一种特定的**线条运动**。当我们不去注视那座山的某个特定的观相而是开始自己攀登时，这座山就停止"上升"；相对于我们可以毫无疑问定位到自身的肌肉感觉和呼吸困难等活动，山变成了被动的存在。除此之外，在将山作为一种**事物**来处理时，我们会看到一系列完全不同的观相或形状，其中一些指向着与"上升"完全不同的移情活动。从两倍于其高度的地方看，这座山将指向着另一种移情的活动：**展开自己**。此外，现实生活迫使我们产生一系列越来越概括性的认知；事实上，我们所看到的，只不过是对我们正在处理的事情的纯粹认识，以及对我们的行动的调整——与其说是对已经发生的事情，不如说是对可能发生的事情的调整。这是用实体的眼睛看到的真实，更是用精神的眼睛**看到**或者说**识别到**的真实。在山上的那位实用主义者和他的科学主义的同伴（可以说，他只是一个**非实用性地**关心实际原因和变化的人）并没有完全看清眼前风景的形状；他们更看不到他们思考中的缆车、电车、办公室、支票、火山、冰盖和史前居民的精确形状。在他们那具有闪电般速度的、触动式的视觉中，并没有给移情和移情带来的快乐和痛苦提供多少出现的机会！

但现在，让我们把自己放在他们那位进行审美观照的旅行同伴的位置上。而且，为了简单起见，让我们假想一下，他格外地观照着风景中的一个形状，那座遥远的山的形状，在我们开始攀登它时它的"升起"就会结束的那座山。这座山如此遥远，以至于它的细节完全消失了；我们所能看到的只是一个窄而尖的圆锥体，也许有点儿向一边**倾斜**，以统一的风信子蓝色与晴朗的傍晚天空**区分**开来，它从平原上更淡的雾蓝色中**升起**为一个纯粹的无实体的形状。它**升腾而起**。这一刻，它的**升起**是毫无疑问的。它不断上升，永不停止，除非我们停止注视它。它升起，而且从没有完成升起的动态。两条线（一条比另一条更具活力和目标的突发性）**努力到达**天空中某个特定的假想的点，在**努力**中**相遇**时**阻止**彼此的**进程**，这是一个不规则的、绝非直线三角形的三角形最简单的移情动态，不断重复，就像一个不断喷涌着的喷泉的抛物线：永远不断重新完成自己的动态，永远伴随着同样的作用于旁观者感觉的效果。

正是这种反复的性质，加上它示意的明确性，使移情对我们产生了非凡的力量。正如我试图向读者阐明的那样，移情不仅是由于我们在形状感知过程中所实际采取的行动，由于当下行动各种模式的速度、强度和便利性以及其伴随的意图；移情至少要归因于我们关于同类行动累积的、平均化的过往经验，以及**它们**在速度、强度、便利性和**它们的**伴随意图等方面的同源的各种模式。故此，这种移情的行动，这种归因于形状线条的行动，是平均性的、本质性的，不会被任何阻碍和抑制每一种单独具体体验的东西所阻碍和抑制；更何况，它在我们的意识中，被我们预见为我们真正积极行动目标的**结果**所掩盖。因为除非它们涉及到身体或精神上的紧张，否则我们真实的、因而也是转瞬即逝的行动不会对我们产生愉快或不愉快的影响，因为我们的注意力总是超越过它们，而指向某个瞬时性的目标；对它们的微弱意识通常与具有完全不同特征的其他事项、感觉和感知混杂在一起。因此，就其本身而言，除了其目的之外，我们的身体运动本身从来都不是有趣的，除非需要新的、困难的调整，或者再次在我们身体的循环、呼吸和平衡装置中产生可察觉的影响：一支华尔兹、一次跳水或一次疾驰可能确实非常令人兴奋，那是由于它所产生的生物性刺激以及与之相伴的对困难和危险的克服，但即使是一个舞蹈表演者令人陶醉的旋转，也不能为他带来对于运动本身的太多特定的兴趣。然而，我们完成的每一个动作都意味着我们的生命力"经济"的收支在发生变化，我们身体和精神的支出与补充之间平衡的变化；这一点，如果被纳入我们的意识中，不仅是有趣的，而且在快乐或不快乐的意义上也是有趣的，因为它或多或少意味着对我们生活进程的推进或阻碍。现在，正是这种对于由**能量**和**意图**引发的，我们自身的动态变化、各种各样的运动事实具有的完全的意识和浓厚的兴趣，正是这种**运动价值**的感觉，使得移情通过其图式化的简单性和不断重复性，能够得以恢复。对形状以及由移情赋予运动的性质和关系的观照——**那些孤立的和不断重复的感知**——由此使得我们的动态感觉免受所有竞争性利益的影响，使它摆脱所有变化的和不相关的伴随物，就像浮士德（Faust）对幸福瞬间所做的那样①，给予它足够的持续时间；将它恢复至我们意识的中心，让它尽可能地增益我们的满足或不满足感。

因此，形状所具有的不可思议的重要性，以及吸引力或排斥力，根据其移情化特征，既是可听见的，也是可看见的；运动和能量，所有我们视作生命力的东西，本质上都是由它们提供的，并被允许充满我们的意识。这一事实也解释了另一种现象，而这种现象作为移情的结果，反过来又极大地增强了移情的力量。我再次谈到这种被称为"内在摹仿"（Inner Mimicry）的现象，某些高度受其影响的观察者，实际上认为这是移情的缘由，而不是它的结果。根据我关于后者（移情的结果）所说的一切，可以理解的是，当移情想象

---

① 诗剧《浮士德》（*Faust*）是德国著名思想家、作家歌德（Johann Wolfgang von Goethe，1749—1832）的代表作，对其构思及创作贯穿了歌德的一生，是歌德毕生思想和艺术探索的结晶。第一部于 1808 年面世。该作品取材于欧洲 16 世纪关于浮士德博士的民间传说，主人公浮士德与魔鬼进行交易，寻求人生幸福的真谛。他与魔鬼约定，一旦他说出"我满足了，请时间停下！"他就输了，魔鬼就可以取走他的灵魂。

（本身因不同个体而异）碰巧与高度的（也因不同个体差异很大）肌肉反应结合在一起时，可能会产生实际的或初始化的反应。例如，身体姿态或肌肉张力的改变（除非它们确实将注意力从观照的对象转移到我们自己的身体上）必然会增加针对观照对象的移情活动的总量。此外，有些人的这种"摹仿"所伴随的（就像听音乐时经常出现的情况）包括身体平衡、呼吸和心跳的变化，在这种情况下，身体功能本身的参与会产生额外的满足或不满足感，从而引发舒适或不适感。现在很明显，这种摹仿的伴随物，以及我们的前辈正确地称之为"动物性精神"（animal spirits）的所有其他联动式反应，都无法成为可能，除非不断重复——注意力的重复行为的不断重复——使得特定形状的各种移情的意义和各种**动态的价值**，深深地渗入我们，成为我们的习惯，哪怕是快速的一瞥（就像我们从特快列车的窗口感知到一座山的跃起的线条）也足以唤起与其似曾相识的动态的联想。由此可以说，观照解释了为什么观照可能如此短暂，以至于看起来根本没有观照：过去的重复使现在的重复变得不再必要，而任何特定形状的移情的、动态的方案可能在眼睛已经盯着其他东西很久之后仍然在继续工作，或者从根本谈不上是知觉的某种存在而开始；我们会仅仅因为某个钟爱的人的脚步声而感到喜悦，但我们会这样是因为他已经被钟爱着了。因此，移情关键性的重复特征解释了我们对形状的观照性满足，以及我们对各种**线条**运动的组合的愉悦，是如何在我们存在中那些最务求实际、似乎最不会陷入观照的时刻和日常活动中，仍然散发光芒。

但这还不是全部。移情的这种重复性特征，以及这座山一直在上升而从未下沉或从未给它的高度增加一英寸的事实，再加上所表明的活动的抽象（动词的不定式）性质，共同解释了艺术的高度非个人化，以及它的存在在某种程度上是具有永恒的、普遍性意义的。碗或垫子上最简陋的图案所呈现的线条和曲线的戏剧性，实际上也正是希腊古瓮上的少年和少女所具有的奇异不朽的戏剧性，正如你所记得的，济慈（Keats）对他们说：

深情的爱人，你永远得不到一吻，

虽然已胜利在望。

然而，不要悲伤，

她永远不会衰老褪色；尽管你得不到幸福，

但你永远在爱着，而她永远美丽动人。①

因此，在考量审美移情的过程时，我们突然发现自己回到了我们最初的公式：美意味着观照中的满足，人们所观照的不是事物，而是形状，而形状只是事物的观相（们）。

---

① 济慈：《希腊古瓮颂》（"Grecian Urn"），创作于 1819 年，1820 年匿名发表在杂志 *Annals of the Fine Arts* 上。约翰·济慈（John Keats，1795—1821），19 世纪初期英国著名诗人，浪漫派文学的代表人物。

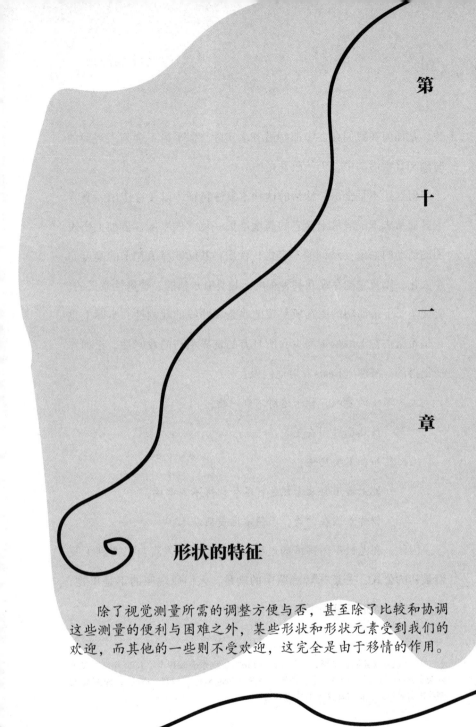

第十一章

形状的特征

　　除了视觉测量所需的调整方便与否，甚至除了比较和协调这些测量的便利与困难之外，某些形状和形状元素受到我们的欢迎，而其他的一些则不受欢迎，这完全是由于移情的作用。

在我举的"上升着的山脉"的例子中，我一直在说的对于我们注视的形状所赋予的移情似乎一次只有一种活动模式。这一点，我认为为了简单的阐述，在极其简单的形状需要很少且同类化的感知活动的情况下，毫无疑问是正确的。对于熟识度（familiarity）使实际感知非常简易的形状，也是如此；例如，当我们快速行走在树木之间时，我们只会注意到我可以称之为"伸出或垂下"的树枝的主要移情化的姿态，因为习惯让我们能够辨别出最具特征的轮廓。但是，除了这样的和类似的情况，移情赋予形状的**运动**要复杂得多。事实上，我们应该更正确地讨论运动而不是线条的运动。因此，如果我们只考虑山顶与平原的关系，仅以真实或想象的水平线作为其线条的参照，山就会上升，只会上升。但是，如果我们不是快速地向上看一眼，而是连续地看山的两侧，并将其中任一侧与平原和另外一侧进行比较，我们的印象（以及我们的口头描述）将是**一个斜坡上升，而另一个下降**。当山的移情方案不再是单纯的**上升**，而是**上升加下降**时，我们所赋予那个形状的这两种运动会被认为是相互依存的；一边**下降**是因为另一边**上升**了，或者运动的上升是**为了**下降。如果我们注视一条山脉，我们会得到一个更复杂、彼此更为协作的移情方案，山峰和山谷（正如我描述的那个人在山坡上看到的那样）在我们看来是一系列具有相互关联强度的上升和下降；一个斜坡按比例**向上延伸**正如前一个**向下俯冲**；眼睛的运动，本身是轻微而粗略的，但唤醒了我们对回旋下降所获得动力的所有经验的复合动态记忆。此外，这个序列，作为一个序列，将唤醒对重复的期待，从而产生节奏感；长长的山峰脉络似乎在跳舞，它们会像波浪一样卷起又展开。因此，一旦我们得到了移情力量（empathic forces）的组合（因为这就是它们如何影响我们的），这些力量将从此确立彼此之间的关系。但是，这种关系不一定是简单的给予和接受以及有节奏的合作。彼此相遇的线与线之间可能会相互冲突、阻碍、偏离；或者再一次抵制彼此的努力，就像圆周以"Quos Ego!"① 抵制、抗拒车轮式辐条的猛烈冲击力的坚定决心。同时，伴随着我们自身所体验的机械力（mechanical forces）的移情暗示，还会出现具有精神特性的移情暗示：线条会有目标、意图、欲望、情绪；根据它们主要的移情暗示，它们关于努力、胜利、失败或缔造和平的各种小戏剧，将是轻松或慵懒的，严肃或徒劳的，温和或残酷的；无情或宽容的，希望或绝望的，哀怨或骄傲的，粗鄙或端庄的；事实上，可见的线条的模式将拥有决定音乐表现力的所有主要动态模式。但另一方面，仍会存在无数的着重性组合，其深刻的意义无法用语言分类，因为必须清楚地理解，移情不是直接处理情绪（mood）和情感（emotion），而是处理进入情绪和情感中并由之获得命名的动态条件。尽管如此，无论是否可以用人类的感觉来定义，这

---

① 拉丁语，意为"我是谁！"，出自古罗马诗人维吉尔所作史诗《埃涅阿斯纪》，是海神尼普顿（Neptune）的咒语，用来阻止风神埃俄罗斯（Aeolus）制造的风暴。

些由线条、曲线和角度构成的各种各样的、不同组合（构成协作的场景和行为）的戏剧，并不是发生在呈现这些被观照的形状的大理石或颜料中，而是全然发生在我们自己身上，发生在我们所称的记忆、想象和感觉中。我们的记忆、想象和感觉，是能量、努力、胜利或和平与合作；它们每一个最细微的动态细节都充满了所有的速度或重力、艰巨或轻松的多种模式。由于我们是它们唯一真正的演员，这些线条的移情戏剧必然会影响我们，要么是证实或阻碍我们的重要需求和习惯，要么让我们感觉到生活变得更轻松或变得更困难，也就是说，给我们带来平静与喜悦，或带来沮丧与愤怒。

因此，除了视觉测量所需的调整方便与否，甚至除了比较和协调这些测量的便利与困难，某些形状和形状元素受到我们的欢迎，而其他的一些则不受欢迎，这完全是由于移情的作用，它使得线条的运动和存在模式与我们自己的运动和存在模式相一致。由于这个原因，既不能使我们胜利，也不能使我们体面地服从，亦不能使我们自愿地合作的那些线条交汇，都被认为是无效的和愚蠢的。也有线条［比如锥度不够的陶立克柱（Doric columns）①］，它们**没有足够的动力上升**，

---

①　希腊古典建筑中的三大柱式之一，是一种没有柱础的圆柱，直接置于阶座上，由一系列鼓形石料一个挨一个垒叠而成，较粗壮宏伟。圆柱身表面从上到下都刻有连续的沟槽，它形态简洁，雄健威武，象征男性美。它来自古埃及，是这种希腊柱式的先驱。采用这种柱式的最具代表性的建筑为雅典卫城的帕特农神庙。其他两种柱式分别为爱奥尼式、科林斯式。

因为它们似乎没有**始于底部足够的压力**；斜线［就像某些对哥特式（Gothic）① 的模仿一样］由于缺乏反作用的推力而**失去平衡**，所有这些，以及其他数百种可能的组合，都是为我们的感觉所厌恶的。同样地，我们也对那些犹豫不定的线条、不协调的方向和影响感到烦躁和厌烦。它们来自比较差的、即使可能是技术性的专家和经验丰富的绘图员或者某些艺术家的作品，乍一看可能会以某种生动的相似性或诗意的暗示吸引人，但随着时间的推移就会暴露出它们作为运动的毫无意义，在移情上的完全无效。实际上，如果我们分析此种苛刻的否定，表面上是基于对材料不稳定性的机械性考虑，或基于错误的透视学或解剖学上的"画得不精确"（out of drawing），但我们会发现，这种带有敌意的批评实际上是对移情的不满意，这种批评逃避了言语的检测，但通过手指**跟随**（这本身就是移情的一个例证）无聊或烦人的线条的运动和发展，而被揭示出来。

移情不仅解释了普遍存在的关于形状的偏好，还解释了那些与个人气质甚至瞬时情绪有关的特定喜好程度。因此，曼特尼亚② 以

---

① 哥特（Goth），原指代哥特人，属西欧日耳曼部族；哥特式作为一种艺术风格，主要特征为高耸、阴森、诡异、神秘、恐怖等，被广泛地运用在建筑、雕塑、绘画、文学、音乐、服装、字体等各个艺术领域。哥特式艺术是夸张的、不对称的、奇特的、轻盈的、复杂的和多装饰的，以频繁使用纵向延伸的线条为其一大特征。

② 安德烈亚·曼特尼亚（Andrea Mantegna, 1431—1506），意大利帕多瓦派文艺复兴画家。

其画作中水平线和垂直线众多的优势会吸引某位观众，认为他的画作严肃而令人安心，但又被另一位观众抗拒（或处于另一种情绪中的同一位观众），认为他的画作沉闷而无生气；而波提切利①作品中不稳定的平衡和切分节奏可能会像病态的兴奋一样令人着迷或排斥。莱昂纳多②的旋转交织的圆圈系统只会让那些马虎的观众感到困惑（我们听到太多的那种"神秘"的属性），却通过让我们在片刻之间存在于最强烈的、最有目的性的、最和谐的能量模式中，来赋予我们更充分的移情想象力。

　　强度、目的性与和谐，这些都是日常生活能提供的，但很少能满足我们的渴望。而正是由于这种不寻常的移情过程，几英寸的画作有时会让我们完全、不间断地意识到这一点。如果说一个拜占庭式（Byzantine）③ 地板图案的交错着的圆形和五角星吸引着

---

　　①　桑德罗·波提切利（Sandro Botticelli；Alessandro Filipepi，1445—1510），15世纪末意大利著名画家，欧洲文艺复兴早期佛罗伦萨画派的最后一位画家。受尼德兰肖像画的影响，波提切利又是意大利肖像画的先驱者。

　　②　莱昂纳多·达·芬奇（Leonardo da Vinci，1452—1519），意大利文艺复兴后三杰之一，杰出的画家、雕塑家、发明家、哲学家、音乐家等。

　　③　拜占庭是在公元 395 年前一个古希腊城堡的名字，之后古罗马分裂成西罗马和东罗马两个国家，东罗马成为新的帝国，就是拜占庭帝国，拜占庭建筑就是在此时期形成的。拜占庭建筑风格，是在古罗马建筑的基础上发展起来的，它吸取了波斯、两河流域和叙利亚等东方文化的养分，对于后来的俄罗斯的教堂建筑和清真寺都产生了极大的影响。该建筑风格具有鲜明的宗教色彩，其特点是大型圆穹顶，且作为建筑造型的中心十分突出；穹顶建造以各自独立的支柱作为支撑。

我们进入令人满意的观照，这不是诗意的隐喻或形而上学的虚构，而是纯粹的心理事实，这是因为，我们不得不赋予它们的存在模式，是在我们四处分散或匆匆忙忙的存在中，我们徒劳地寻求的或体验过却又失去的。

第

十

二

章

从形状到事物

形状是二维的，事物是三维立体的。移情所处理的是形状而非事物。但在现实生活中，更常见的是我们由形状去对事物作务实性的推断。

这就是我们在对形状的观照中所能得到的，或在现实中给予我们自己的，非个人化的、非务实性的满足和不满足。

但生活中几乎没有什么可供观照的闲情逸致；它需要我们**认知**、推理和准备好去积极适应。或者更确切地说，生活迫使我们与形状打交道，主要是因为它们表明了许多其他品质——可能帮助或伤害我们——的实际或可能性存在。生活催促我们去认识**事物**。

将**事物**区别于**形状**的第一个特性是，**它们可以占据或多或少的立体空间**：我们可以撞到它们，将它们移位或被它们移位，在移位或抵抗移位的过程中，我们意识到事物区别于形状的另外两个特性：它们有不同程度的**重量**和各种各样的**纹理**。换言之，事物是有**实体**的，它们存在于三维空间中；虽然**形状**通常是具有实体和立体存在的物体（比如雕像或花瓶）的一个观相，但作为形状的形状是二维的，没有实体。

美学的许多批判性应用以及关于艺术演进的历史问题，都与这一事实有关，或者更确切地说，与对它的持续误解有关，因此我最好提醒一下读者，一般心理学关于对第三维度的感知可以教给我们什么。就**对比分明**而言，在立体镜提供对立体存在的认知时，对立体存在的非常细微的认知无疑是由两眼之间不可避免的细微差异提供的；对于每只眼睛各自的表面来说，这类知识的量甚至更加微乎其微。但是，无论三维空间的概念是如何从这些基础上发展而来的，我们实际拥有和使用的对立体存在的感知，不可否认的是基于移动提供的无与伦比的更重要的数据，在移动这个术语涵盖的范围中，我甚至包括了一只手指对某个表面的微小压力，以及舌尖对一颗空心牙齿的探索。在这种移动中进行的肌肉调整，通过重复与眼睛所显示的颜色和光线的二维排列联系起来，二维存在由此在我们的日常经验中被转变为三维的。但我们偶尔犯的错误，例如，把从上方向下看的一条路，当作一座教堂塔尖在平原上投射的影子，或者把山脉的远景当作它的立体形状，有时会揭示出我们并没有真正**看到**三维的物体，而只是通过将视觉数据与移动经验的结果联系起来来**推断**它们。这种司空见惯的心理现象的确实性可以通过这样一个实验来检验：当我们把地板图案的颜色看成深色地面上的一朵浅色花朵，或者是一个被黑暗山脊包围的白色洞穴时，地板图案颜色就像是凸起或凹陷的。而当庸人（可能是你或我！）对不熟悉的绘画风格的"画得不对"和错误视角表示反对时，十有八九，他只是在表达自己无法将二维形状识别为"表现"着三维事物；由此证明了，在我们猜出一幅画应该是在象征什么之前，我们无法破译它其中的立体关系。这就是我说的可见的形状，尽管它们可能是立体物体的观相，但没有实体的原因；而想到它们的体积、重量和质地，是由于我们对形状的观照被打断了，打断这种观照的是对形状作为形状所不能拥有的属性的回忆引发的思绪游移。

在这里，我要预先阻止读者的反对意见，即努力和抵抗的感觉——对于我们对二维形状的所有移情处理至关重要——归根结底，必须归因于**重量**，而这正是我们刚才描述的形状所不能拥有的一种属性。我的答案是，移情通过消除对重量的思考，就像消除我们对身体张力的意识一样，提取并规划了努力和抵抗；正是这种对所有不相容性质的消除，使我们能够将活动归因于这些二维形状，并以一种不被任何对其他情况的思考而减损的生动性，去感受这些活动。

有了立体的存在（以及与之相关的三维空间），有了重量和质地，我们就从被观照的形状转向一种与该形状和对它的观照相异的思想。这是生命及其需要和危险优先于其他任何的思想：这个形状背后是什么**事物**，必须从这个观相推断出什么属性？在占据如此多空间的可能性之后，事物对于我们的希望和恐惧所具有的最重要的属性，是**改变它们占据空间的可能性**；不是我们的移动，而是**它们的**。我称之为移动（locomotion）而不是运动（movement），因为我们只有对自身运动的**直接**经验，并**推断**出其他存在物和物体的类似运动，因为它们的位置变化，要么是通过我们静止的眼睛，要么是通过与我们静止的眼睛关系保持不变的其他物体。我称之为移动，也是为了强调它与归因于"上升的山脉"的形状的运动之间的区别，我们**感觉到**运动正在进行，但并不期待这会导致山脉的空间关系的任何变化，而空间关系正是山脉的**移动**所会改变的。

　　因此，关于形状的务实性（practical）问题是：它是否保证推断出一个**事物**能够改变其在三维空间中的位置？向着我们前进还是后退？如果是，以什么方式？它会像一块松动的石头一样落在我们身上吗？像火焰一样朝着我们升起？像水一样洒在我们身上？或者只有**我们**提供必要的**移动**，它才会改变位置？简言之：我们看到了形状所在的事物是惰性的，还是活跃的？如果这个形状属于一个拥有自身活动的事物，那么它的移动是否是我们称之为植物生长和伸展的那种缓慢而有规律的移动呢？还是我们在动物和人类身上所知道的那种突然的、故意的？关于如此更势如破竹的运动，这个形状告诉了我们什么？这些曲线和颜色的细节是否可以解释为有关节的肢体，这个**事物**是否可以横向甩出去，追赶我们，它是否可以抓住并吞下我们？还是**我们**可以通过它来做出此类行为？这个形状是否意味着事物拥有我们可以处理的欲望和目的？如果是这样的话，**为什么会出现在它所在的地方**？它是从哪里来的？它会做什么？它在**想**什么（如果它能思考的话）？它会对我们有什么**感觉**（如果它能感觉到的话）？它会说什么（如果它会说话）？它的未来是什么？它的过去可能是什么？总而言之：这个形状的存在引导我们思考什么、做什么、感觉什么？

　　这些是由这个形状以及它属于某个事物的可能性开启的一些想法。甚至，正如我们有时会发现的那样，它们不断地回到这个形状，以离心和向心的交替方式绕着它转来转去，然而，所有这些想法无论多么短暂，都是从确定不变的形状的世界到各种不断变化的事物的世界的游移；同时这些想法也是阻断物，甚至是（正如我们稍后将看到的）加剧了对形状的集中、协调的观照——我们迄今为止一直在处理的——的阻断。当我们谈到艺术时，我们将在表现和暗示的标题下，或者像通常所说的，在与形式相对的主题和表达的标题下，去处理这些以及更多的，从形状的世界到事物的世界的游移。

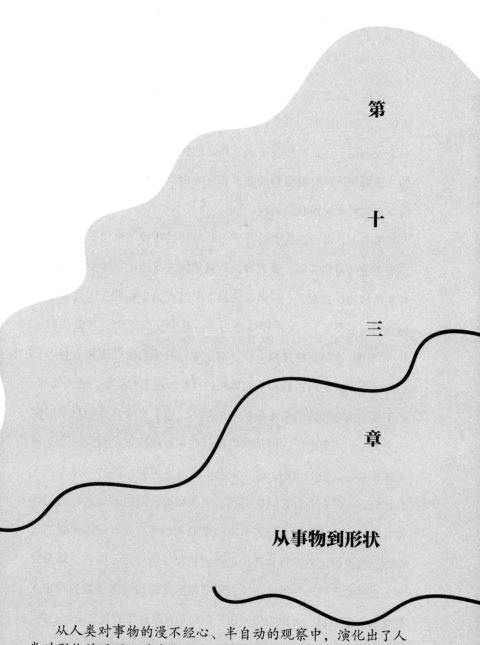

第十三章

从事物到形状

从人类对事物的漫不经心、半自动的观察中，演化出了人类对形状的观照，艺术也逐渐成为生活的一部分。

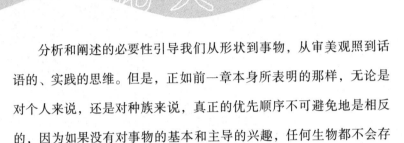
分析和阐述的必要性引导我们从形状到事物，从审美观照到话语的、实践的思维。但是，正如前一章本身所表明的那样，无论是对个人来说，还是对种族来说，真正的优先顺序不可避免地是相反的，因为如果没有对事物的基本和主导的兴趣，任何生物都不会存活下来发展出对形状的兴趣。

事实上，考虑到人类对一个不断简短且往往是自动的感官数据反应系统的迫切需要，要理解人类是如何进化出一个像所有审美偏好所依赖的形式观照一样漫长而复杂的过程绝非易事（因此这个问题被完全忽略了）。我要冒昧地指出，对形状的熟识，其最初的进化性功用，正如它的起源一样，都是来自对事物的性质和人类对它们的适当反应进行过快和不加批判的推断所带来的危险。毫无疑问，关于熊的咆哮和熊的轮廓最粗略的暗示，也有必要让我们最早的祖先进入他们的避难所。但是，当他们偶尔发现熊不是熊，而是某种更无害且可食用的动物，这一定会引发对这两种动物的可见方面进行比较、区分，并对它们在形状、步态和颜色上的差异进行记忆存储。同样地，有毒的和营养丰富的水果和根之间具有令人迷惑的相似性，就像护士的手指和乳头之间的相似性会作用于婴儿，都会使得人去注意那些可见的细节，直到获得生动的精神图像成为野蛮人教育的主要项目，一如它仍存在于现代儿童的自我教育之中。当然，一旦人类开始制造其有用性（即它们仍然不存在的属性）可能因形状方面的错误而受到损害的东西，人们对可见方面的兴趣的演进就会增加十倍。长期以来，在处理食物和燃料时，**上下、直斜、左右**都已成为习惯性的感知，人们会发现，一块石头的有效目标，一支箭的圆满飞行，或多或少取决于我们所说的水平和垂直、曲线和角度；纤维组织的稳定性取决于交叉和再交叉的间隔，规则的或对称的排列取决于手或者眼。简言之，制作（making）作为不可避免的形塑（shaping），会建构起对形状的每一个细节越来越准确的感知和记忆。不仅会出现一个形状和另一个形状之间的比较，还会出现一个人眼睛中的实际形状和不再存在的形状之间的比较，真实的形状和应该的形状之间的比较。因此，在实际制作东西的过程中，会出现一些被认为是有用的小的间歇，首先是越来越仔细的观看和比较，然后是真正的观照：对于你正在削的箭头，你正在编织的垫子，你正在摩擦成型的锅的观照；同时也会对只在你愿望中存在的**另一个**箭头、垫子或罐子观照；观照你试图获得的形状，对它的特性一旦被你的眼睛看到就会产生的效果带着某种预感性的情绪！对于削箭头的男人和编织垫子的女人来说，熟悉每一个箭头和垫子的适当形状，并想到各种不同的箭头或相同类型的垫子，就会**意识到这些形状对看到它们的人的不同影响**。其中一些形状会非常单调，由此增加了凿削和锉削，或是一股线接一股线铺编的乏味；而其他的一些形状则是如此机敏、有趣、讨人喜欢，仿佛它在为工作提供帮助；

另一些形状，虽然同样适用于实用性，却是令人大惊小怪或让人苦恼的，从不像人们所期望的它们的线条和曲线一般呈现。除了这些假设，我还想补充一些关于形状观照是从人类对"事物"的马虎的、半自动的观察中演化而来的迹象。手工艺者、武器制造者、织工或陶工从自己和先辈的实践经验中受益，即哪种形状更适合于使用和穿着，以及以何种方式开始生产它；他的技术技能变成了半自动的，所以他的眼睛和大脑，仅作为肌肉的监督者，只要一切顺利，不需要采取新的行动，就有足够的时间进行观照。一旦手工艺者开始观照自其手中制作出的形状，他的头脑就会被用"美的"和"丑的"这两个词所表达的好恶所控制。这还不是全部。一个武器、容器或一件织物的主人并不总是打算使用它；与其有用性和耐久性，以及制作或获得它所需的时间、好运、技能或力量成正比，该项动产将会从"奴隶"变成"同伴"。它被翻新过或修补过，向其他人展示过，吹嘘过，也许像艾伦·布雷克（Alan Breck）① 歌唱他的剑一样被歌唱过。主人的眼睛（以及嫉妒主人的人的眼睛！）"爱抚"它的形状；它的形状，它的所有众所周知的来龙去脉和跌宕起伏，

①　英国长篇小说《绑架》（*Kidnapped*）的主人公。作者是罗伯特·路易斯·史蒂文森（Robert Louis Stevenson，1850—1894），英国小说家。代表作品有长篇小说《金银岛》《化身博士》《绑架》《卡特丽娜》等。其作品风格独特多变，对 20 世纪英美现代主义文学影响巨大，被视为 19 世纪最伟大的作家之一。

萦绕在人们的记忆中，每当有相似的物体与之相比较时，它就会变得栩栩如生。现在，对原始人和野蛮人有益的东西，对文明人也有益，也许甚至对置身于机器制造的、容易被取代的属性之中的我们自身也有益。我们制造和使用的东西的形状，使我们在注意力不集中的间歇中对其进行观照，这些间歇在所有有益健康的工作中占据了一半节奏。正是这种注意力从努力到放松的正常节奏，解释了艺术是如何成为生活的一部分，解释了在我们的情感中纯粹的"观相"是如何获得了可与事物相匹敌的重要性。

因此，我向读者推荐森佩尔（Semper）① 及其学派现在有些过时的假设，根据这一假设，必须在石头和金属、陶器和编织等艺术中寻求对形状美的第一偏好，这些艺术为重复、重叠提供了机会，从而形成节奏和对称，其材料和技术产生了所谓的几何图案，即存在于二维空间中而不摹仿真实物体的形状。这一理论后来遭到质疑，因为人们发现非常原始和野蛮的人类拥有一种完全不同性质的艺术，而且与儿童的艺术类似，这表明此种艺术是早于图案的艺术：亨利·巴尔弗（Henry Balfour）② 先生的巧妙假设，源自于对木材或石头的形

---

① 戈特弗里德·森佩尔（Gottfried Semper，1803—1879），德国建筑师、艺术理论家、作家、画家，自视为意大利文艺复兴艺术理念在欧洲的传播人，新文艺复兴建筑在德国及奥地利的代表人物。

② 亨利·巴尔弗（Henry Balfour），19 世纪下半叶英国人类学家、考古学家，牛津大学皮特·里弗斯博物馆（Pitt Rivers Museum）第一任馆长。

状和痕迹与观察者头脑中最先浮现的生物和物体之间偶然相似性的认识，观察者切割或绘制任何需要的东西去完成相似性，并使其他人能察觉到这种对相似性的暗示。无论这是否是它的起源，在最早的时期似乎就存在着这样一种严格意义上的具象派风格的艺术，它服务于（就像儿童自发的艺术）唤起手工艺者及其客户对任何感兴趣的东西的想法。毫无疑问，它实际上对事物的现实产生了某种满足需要的神奇效果。但是（回到几何和非具象派艺术的审美至上的假设）可以肯定的是，尽管这些早期的具象化表现偶尔会获得惊人的栩栩如生和解剖学意义上的正确性，但它们一开始并没有表现出对对称和节奏安排的任何相应关注。例如，阿尔塔米拉岩洞（Altamira cave）① 壁画中的野牛和野猪，的确在构成它们的线条中表现出活力和美感，这证明了成功地处理形状，即使只吸引实用性的兴趣，也不可避免地激发出更有天赋的艺术家的移情想象；但是这些画得很出色的形象都挤在一起，或者是像从破布袋里掉出来的那样分散开来；而且，更重要的是，他们缺乏对脚的强调——脚不仅表明形象们脚下的地面，而且在这样做的过程中提供了一个水平线，通过它来启动、测量所有其他线条并判明它们的方位。这些令人惊

---

① 位于西班牙北部坎塔布利亚自治区的桑坦德市附近。这些岩洞在距今11000—17000 年前已有人居住，一直延续至旧石器文化时期。1985 年该岩洞作为史前人类活动遗址被列入世界文化遗产名录。

讶的旧石器时代艺术家（事实上是最早的埃及和希腊艺术家）似乎只考虑了活生生的模型及其当前和未来的运动，而对线条和角度的关注与现代儿童绘画一样少，莱文斯坦（Levinstein）① 和其他人对这二者进行了有益的比较。因此，我冒昧地提出，当现实主义的形象逐渐融入织布工和陶工的图案中时，这种对方向和构图的美学基本关注肯定已经应用到具象派艺术中。这种"风格化"仍然被艺术史学者描述为由于缺乏才智的重复而导致的"退化"；但恰恰相反，这是一个整合过程，通过这个过程，具象化元素受到了审美偏好的影响，这种审美偏好是在物品的制造中建立起来的，这些物品的用途或生产或涉及精确的测量和平衡，如在陶器或武器中，或涉及节奏化的重叠，如在织物中。

不管这个问题是什么（对人类能力起源和进化的日益深入的研究终有一天会解决这个问题），我们已经有足够的知识来确认，虽然在最早的艺术中，形状元素和具象化元素通常是分开的，但随着文明的进步，这二者逐渐结合在一起；而形状最初只是作为暗示（由此也作为神奇的等价物）或事物而令人感兴趣，并被用于宗教的、记录的或自我表达的目的，且由于避免令人不快的感知和移情

---

① 齐格弗里德·莱文斯坦（Siegfried Levinstein，1876—?）德国学者，著有《作为艺术家的儿童：14 岁前的儿童绘画作品》（1904）一书。

活动的习惯以及给令人愉快的活动留出空间的愿望，从而受到选择和重新安排。绘画和雕塑的整个后续历史可以被描述为新的具象派兴趣重复不停地开启，新的对**事物**的兴趣——它们的空间存在、移动、与解剖学相关的属性，它们对光的反应，以及它们的心理学层面和戏剧性的可能性；这些对事物不断变化的兴趣服从于排列可见形状的不变的习惯，从而减少观照性不满的机会，增加观照性满足的机会——对这二者我们分别称之为"丑的"和"美的"。

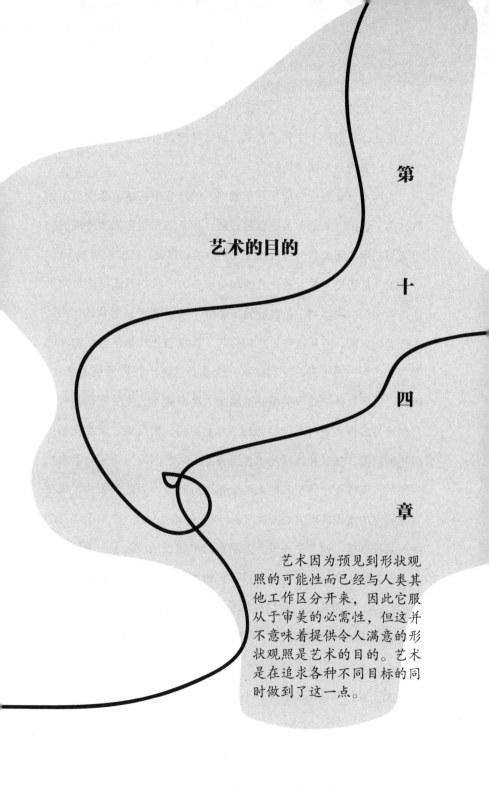

艺术的目的

艺术因为预见到形状观照的可能性而已经与人类其他工作区分开来，因此它服从于审美的必需性，但这并不意味着提供令人满意的形状观照是艺术的目的。艺术是在追求各种不同目标的同时做到了这一点。

由此，我们终于谈到了艺术，而这是读者可能希望在一本关于美的入门书的开头就谈到的。

为何不可能是这种情况，在我剩下的章节中将越来越明显。而且，为了让接下来的章节更容易理解，我不妨先把它们所体现的关于美与艺术之间关系的观点加以预先归纳和列表。这些概括如下：

虽然从历史上看，避免丑的和追求美的形状的习惯可能最初是通过对编织、陶器和工具制造的非摹仿（"几何的"）形状的实用性关注而建立的，并从这些工艺转移到了旨在表现或摹仿自然物体的形状，然而，**美**与**丑**的区别并不完全或必然属于我们所谓的**艺术**。因此，对形状感知或审美偏好的满足，决不能与艺术所应达到和借之以进行的许多各种其他目标和活动相混淆。相反地：虽然在其更发达的阶段，并且在获得技术性设备之后，艺术因为预见到了形状观照的可能性而已经与其他人类工作区分开来，因此它服从于我在其他研究中所说的审美必需性（aesthetic imperative），然而艺术总是始于某种欲望，而不是提供令人满意的形状观照，除了一种例外情况——它被用来保持或再现自然形状偶然间已经提供的这种形状观照的机会，例如花朵、动物或风景的形状，甚至偶尔是人的形状，这些形状已经被人们视为是美的享受。因此，所有艺术，除了儿童、野蛮人、无知者和极端创新者的艺术，总是避免丑的形状而寻求美的形状。但艺术是在追求各种不同目标的同时做到了这一点。这些非审美的艺术目的大致可以分为：（1）制造有用的物品，包括从衣服到武器，从一个水罐到一座寺庙；（2）记录或传播事实及其视觉性呈现，如肖像、历史图片，或文学作品和书籍的插图；（3）唤醒、强化或维持一定的情绪状态，尤其是通过音乐和文学，但也可以通过绘画和建筑作为"有贡献的辅助手段"使用。如果读者愿意的话，这些大类可以再次细分并联系到功利主义的、社会的、仪式的、情感的、科学的和其他目标，其中一些目标是为当代道德所不认可或不承认的。

审美的必需性，即令人满意的形状观照的必要性，如何限定和转移对这种非审美的艺术目的的追求，可以通过比较来展示。例如，将传递传统意义并产生、保持情感状态的纯粹的可听见的手段——现代工业主义的喊声和尖叫声并不亚于野蛮人的仪式性噪音——与音高、节奏、音调及和声构成的良好排列作比较，在后者之中，军事的、宗教的或舞蹈的音乐掩盖了其传递信号或作用于神经的非审美功能。无论出于这两种动机（或任何其他动机）中的任何一种，制造噪音都是不必要的，都可以归结为避免丑陋和享受美丽的欲望。但是，在视觉具象派的艺术中，尤其是在绘画中，可以最好地研究审美必需性的运作，这使我们能够遵循被告知（或讲述）事物真相的愿望与**观照形状**的愿望之间的相互作用，从而以感官的、智力的和移情的满足感去观照（否则我们不应该观照！）它们。

这让我们回到第三维度，正如我们所看到的，是否拥有第三维度是**事物**和**形状**之间的主要区别，事物可以在其自身和我们的行为过程中改变其观相，而形状只能由我们实体的和精神的眼睛来进行观照，既不能被改变，也不能被认为是改变了而没有或多或少损害它们的性质的。

我敢说，读者可能不满足于将对立体感知的移动性质的参考，作为我把立体存在与事物而非形状联系起来的充分理由，以及我所暗示的，由于感知的感官、智力和移情因素，审美偏好只适用于其他两个维度。读者的怀疑和惊讶会变得更大，因为最近的艺术批评已经刻意灌输，对于立体存在的暗示是绘画天才的主要功能，而使这种立体存在现实化是绘画能带给与其相配的观赏者的最大乐趣。这与视觉感知和视觉移情的事实完全相反的特定概念值得进一步的讨论，因为它意外地提供了一个便捷入口，由此可进入一个迄今为止呈现出无法解开的混乱的话题，即**形式**和**主题**的关系，或者，正如我已经使读者习惯于去细想的，被观照的形状和关于事物的思考。

让我们由此来研究一下为什么艺术批评竟然会如此强调在绘画中对于三维存在的暗示和对此暗示的接受。**在绘画中**。因为当我们谈到雕塑时，这种所谓的审美需要不再是衡量价值的标准。关于雕塑，批评家们越来越坚持教导（并且有一定程度的理由）我们，艺术家的最大优点之一，以及观看者的最大愿望之一，正是通过避免所有超出统一层次的投影来减少真实的立体存在，也就是说，通过使一块坚固的石块看起来像是在一个平面上的呈现。这种矛盾解释了赋予第三维度以最高的图像重要性的理论的起源。对于艺术批评来说，尽管［尤其是要感谢雕塑家希尔德布兰德（Hildbrand）①］也会对造型艺术投入关注和精力，但它主要是在与绘画的联系中成长起来的。现在在绘画中，最大的科学问题和技术难题是，通过将颜料涂在二维的表面，来暗示三维的存在；拥有最充足的能力和想象力的艺术家自然最成功地处理了这个问题，而能力和想象力不足的艺术家也同样自然地回避、搞砸或鹦鹉学舌般对待这个问题。而且，随着能力和想象力在更精细的感知、更生动的移情和更复杂的二维形状处理中表现出来，针对立体问题有效的和原初的解决方案，在其他条件相同的情况下，与二维属性能触发形容词"美的"的绘画创作相吻合，在其中"美的"以最强烈、最复杂的方式展现。因此，成功地处理对立体的暗示已成为一种习惯性（并有可能成为一种经验法则）的绘画价值评判标准；更重要的是，二维形状的内在属性变得越来越内在化和特定化，很难被寻根究底和描述出来；然

---

　　① 阿道夫·希尔德布兰德（Adolf von Hildbrand，1847—1921），德国19世纪著名雕塑家和艺术理论家。20岁时他在意大利受到古典艺术影响，并结识了他艺术理论终生的支持者马雷和菲德勒。在关于造型艺术的形式和内涵谁为主导之争中，他们的形式主义和纯视觉观念是一个重要的思想流派，对现代形式主义艺术的诞生、发展影响深远。

而，三维暗示的属性是可以通过仅仅比较图片中的形状和在相同的视角和光线下看到的真实事物提供的形状来确定的。大多数人都能判断图片中的苹果是否"看起来好似"是实心的、圆的、重的，并且很可能从同一张图片中的餐具柜上滚下来；有些人甚至可能，当图片中没有其他能令他们感兴趣的内容时，会出现肌肉收缩的苗头，就像（做）最终会干扰一个真正的苹果从真正的餐具柜上滚下来（那样的动作）。苹果和餐具柜提供了最简单的经验，可以以日常语言被充分表达描述，而精确的曲线和角度，方向与作用的精确关系，部分与整体的精确关系，共同构成了二维形状的本性（identity），确实能被细心的观看者感知和感受到，但不是被习惯性地用语言进行分析或阐述。此外，能够满足观照的二维形状的创作取决于两个非常不同的因素：一是关于更具普遍性的线条排列的传统经验，二是个人的能力和敏感性，即在执行和改变这种传统排列方面的天赋。拥有传统或天赋，虽然无疑是一个艺术家最重要的优势，但恰好不是一个如应用于解决问题一样可以应用于自身的优势。另外，一个有待解决的问题永远压在每个艺术家身上；由于他不仅对**形状**感兴趣，而且也对**事物**感兴趣，因而他的客户、他所处时代的时尚以及他自己都对他施加了压力。由此，我们回到了这样一个事实：画家需要通过平面上的线条和颜色来解决的问题，是告诉我们关于事物某些新的或重要的东西的问题——事物是由什么组成的，它们将如何对我们的行为作出反应，它们如何移动，它们的感觉和想法是什么；最重要的是，我再说一遍，它们占据了多少空间，参照于目前或未来被包括我们自己在内的其他事物同样占据的空间。

我们对批评家们认为对立体存在的图像暗示过于重要的问题进行的研究，使我们回到了前几章中所包含的结论，即美消极地取决于视觉感知的轻松性，积极地取决于对我们动态习惯的有力证实，这是"观相"的一种属性，独立于事物的立体存在和所有其他可能的属性之外；除非对事物的三维和其他属性的思考，可能会干扰心智的自由和准备就绪，而这种自由和准备是高度活跃和敏感的过程所必需的，比如对移情形式的解读过程。但我相信，下一章将明确指出，**关于事物的思考**对于**对形状的观照**的这种干扰对我们精神生活的节奏是必不可少的，因此也是所有艺术生产和欣赏的主要因素。

第

十

五

章

形状观照往往非常短暂，发生在现实生活中的间歇中，但它又具有惊人的重复性，总会不断地在不同的兴趣过程中闪现。正因如此，艺术满足我们对事物不断变化的、散漫的兴趣的要求，同时也满足我们对美的观相的观照偏好那不变的要求。

对形状的关注

为了解释普遍性的艺术以及任何独特的艺术，如何成功地调和这些矛盾的需求，我必须提醒读者我所说的，即在对呈现这些形状的物体的制造过程的关注有所懈怠的时候，在实际使用这些或多或少**定形**的物体的间歇，人们开始注意到形状令人满意或不满意的可能性。我必须请读者把前面的一段话与这里的评述联系起来，这段话涉及正常注意力行为的间歇性，以及它们的交替构成了**断断续续的节拍**。从这两种趋同的说法中可以推断出，与把审美观照视为日常生活的一种例外、一种"银行休假日"的先验性理论相反，它实际上占据了日常生活自然和健康节奏中的一半。由心理学实验和观察所揭示的真实情况，竟然没有引起众多美学家的注意，这可能是因为他们的理论是从艺术生产而非审美欣赏出发的，而没有审美欣赏，艺术可能永远不会存在。

纯粹的艺术作品的创作确实不能被视为日常注意力的交替之一，因为它是一个漫长、复杂、反复重复的过程，是一段完整的生命，包括成百上千次的**制作**与**注视**的交替，对目标、方式和手段的讨论性思考，以及对审美结果的冥想。因为即使是最卑微的艺术家也必须想到他的作品旨在表现、传达或促进的任何对象或过程；要想到对象，比如大理石、木头、颜料、声音，还要想到过程，比如绘制、削割、和声组合，通过这些思考他试图完成上述结果之一。艺术家不仅是一个审美鉴赏的人；以他自己的方式，他是一个讲求科学的人，一个使用实用设备的人，一个专家，一个工匠和一个工程师。创作一件艺术品不是他生命中的一段插曲，而是他生命中的主要事业；因此，正如每一位忙碌的专家所必须的那样，他独立于其他那些为人类的科学性、实用性利益服务的专家所从事的事业之外。

尽管制作一件艺术品需要几天、几个月，有时甚至几年的时间，但它可能需要的不是分钟而是秒钟（这个过程已经由秒表进行了精确的测量），以这样的方式对这件艺术品进行评估，以确认它的每一个形状细节，并在记忆中继续处理它。记忆所起的出乎意料的作用解释了为什么审美观照可以而且通常是一种间歇性的功能，与实际行动和思考交替发挥作用。尽管记忆处理的是我们所说的当下，正是在记忆中，我们将部分集合成整体，并将连续的测量转化为同步的关系；而且很可能是在记忆中，我们移情化地处理形状，将它们已被感知到的方向和关系，与我们自己所记忆的活动、目标和情绪的特性结合起来。同样地，正是由于记忆，短暂而断断续续的审美行为被结合成一个观照的网络，它与我们的其他思想和行为交织在一起，但仍然不同于它们，就像生命的恢复功能仍然不同于生命的消耗，尽管它们相互交织在一起。每一个有自我观察习惯的读者都知道，就像是透过一辆特快列车的窗户所看到的，在实际工作或抽象思维的间歇期，甚至在我所说的个人最深层情感的**非常规**处，可能会得到多么深刻的关于美的印象；相形之下，务实的、智力的或个人的瞬间（因为生活中的重大事件是以秒为单位来衡量的！）的压力显然在其兴奋点上驱动或传递着，在注意力的**非常规处**的不相关的美感内容。当务实的或智力的兴趣发生变化时，当个人的情感消退时，这种审美印象仍然存在；仍然存在或反复出现，通过每一次间歇，被认同的感觉结合在一起，那种认同，就像**山峰的崛起**一样，是由于形状观照的重复性属性：旋律的片段在我们的记忆中可能被各种其他的想法打断，但它们会反复出现和凝聚，会带来它们的节奏和间隔在我们心中一再唤醒的特定情绪。

实际上，在山上的那个图解式（面对风景）的人和他的实用主义和科学主义的伙伴一样，都是在思考远离风景的问题；他所做的而他们没有做的，就是**回想它**；而且回想它的时候，总是以同样的线条和角度，同样的方向和作用、部分和整体的关系为参照。也许审美观照的恢复性、治愈性在很大程度上是由于这样一个事实，即在行动和思想的永久流动中，它代表着重复，因此也代表着稳定。

尽管如此，形状观照的间歇但重复性的特点，它是如此令人难以置信的短暂和惊人的重复，以及由于重复使它具有本质的同一性的事实，所有这些也解释了关于我们主题的两个主要观点。第一，一种审美印象，在完全不同的兴趣过程中被有意或无意地传达出来，是如何成为生存中不断变化的着重关注点的持续伴奏，就像记忆中的歌曲在我们心中默默演唱，记忆中的风景成为我们不断变化的思想的无形背景。第二，它解释了艺术如何满足我们对事物不断变化和散漫的兴趣的要求，同时满足对美的观相的观照偏好的迫切且不变的要求。由此，我们又回到了我讨论艺术的出发点：艺术受制于对美的渴望，同时又追求与之完全不同的目标，执行各种完全独立的非审美任务中的任何一项。

关于事物的信息

第十六章

　　所有有关事物的思考都是远离暗示这些事物的形状的思考，因为它涉及形状本身无法提供的知识。艺术有意识或无意识处理的，是以一种同时满足对能够满足观照的形状的审美需求的方式，来执行表明关于事物的有趣事实的命令。

在绘画要告诉我们的关于事物的事实中，最重要的，仅次于立体存在的，是移动（Locomotion）。实际上，在种族和个人的发展过程中，对移动的图像的关注似乎先于对立体存在的关注。因为旧石器时代的或埃及的画师，甚至是6世纪的希腊人，将侧面的腿和头与正面的胸部结合在一起；当身处现代的孩子在我们期望的耳朵位置处加上一个侧面的鼻子来补充不够突出的正面鼻子时，我们很容易认为这些错误是由于对事物的立体属性漠不关心。然而，情况恰恰相反。原始的绘图者和现代的孩子正在记录移动过程中得到的印象——要么是被看到的东西，要么是来自观察的人。当他们把最显著的、同时又最容易复制的任何连续的观相结合起来时，他们就陷入了他们的立体经验包围之中，他们所漠视的，也许是没有意识到的，是当一个身体的各个部分同时被看到，也就是从一个单一的角度来看时，它所呈现的**二维的**外观。绘画的发展进程总是从表现连续到表现同时；透视法（perspective）、透视缩短法（foreshortening）以及后来的明暗法（light and shade），都是实现这一目标的科学和技术手段。

我们对画家想要表现的事物，尤其是事物的空间关系和移动的正确认识，取决于我们对这种绘画发展的确切阶段的了解。因此，当一个拜占庭画师把他笔下的形象放在我们看来是重叠的层级中时，他只是试图传达这样的意思：它们是彼此前后地存在于一个共同的水平线上。而我们误以为 6 世纪花瓶上的运动员和雅典娜呈现出精心设计的扭曲，其实只不过是对普通的走路和跑步的一种古老方式的表现。

对移动的暗示进一步取决于解剖学。一幅画中的人物打算做什么，他们刚刚做了什么，以及他们将要做什么，事实上，关于他们的行为和事务的所有问题，都可以参考他们的身体结构及其真实或假定的可能性来回答。这同样适用于情绪的表达。

古代艺术作品中的阿波罗呈现出的无力感更可能是由于在表现手臂和腿的移动上存在的解剖学意义上的困难，而不是因为艺术家缺乏情感，毕竟他们是萨福（Sappho）① 或品达（Pindar）② 的同时代人。更可能的是，埃伊纳岛（Aegina）③ 的雕塑家们仍然对嘴唇和脸颊的造型感到为难，而不是因为他们把荷马（Homer）④ 铭记在

---

① 萨福（Sappho，约前 630—约前 560），古希腊著名的女抒情诗人，一生写过不少情诗、婚歌、颂神诗、铭辞等。一般认为她出生于莱斯波斯岛（Lesbos）的一个贵族家庭。以沉稳抒情、韵律优美的风格创造了"萨福体"（Sapphism），将古希腊的抒情诗推进到一个新高潮，对后世影响深远。

② 品达（或译品达罗斯，希腊语：Πίνδαρος /Píndaros；英语：Pindar，约前 522/518—前 422/438），有"抒情诗人之魁"之称，是希腊作家中第一位有史可查的人物。他生于古城忒拜附近的库诺斯凯法勒的贵族家庭，是一位职业诗人，以创作合唱歌著称。

③ 希腊东南沿海岛屿。

④ 荷马（Ὅμηρος /Homer，约前 9—前 8 世纪），古希腊盲诗人，西方文学的始祖。其杰作《荷马史诗》，是记述了公元前 12—前 11 世纪特洛伊战争，以及关于海上冒险故事的古希腊长篇叙事史诗，分为《伊利亚特》和《奥德赛》。该作品对西方的宗教、文化和伦理观都产生了深远影响。

心，想象他的英雄们带着微笑沉默地死去。

我已经进入了透视和解剖学的问题，并给出了上述例子，因为它们将使读者了解，我们前面对关于我们主题的心理学的研究推导出的一个主要原则，即**所有关于事物的思考都是远离暗示这些事物的形状的思考，因为它涉及形状本身无法提供的知识**。我特别强调针对移动的表现对于三维存在的知识的依赖性，因为在讨论绘画中主题和形式的关系之前，我想再次向读者强调，**事物的移动**（主动或被动的移动）与我说的"山峰在升起"的例子中我称之为**线条的移情化运动**之间的区别。我们已经看到，这种**线条的运动**是针对我们自己在评估一个二维形状时的活动所提出的一种活动方案；关于活动（activity）——我们通常不知道它的起源在我们自己身上——的一种**想法**或**感觉**，我们将其投射到暗示着活动的形状上，正如我们把对**红色**的感觉从自己的眼睛和头脑中投射到折射了光线的物体上，以此方式而给予我们**红色**的感觉。因此，这种**移情化**归因的线条运动是形状的内在属性，对这些形状的积极感知在我们的想象和感觉中唤起了它们；作为形状的属性，它们不可避免地随着形状所经历的每一次变化而变化，每一个被积极感知的形状，都有自己特殊的**线条运动**；每一个**线条的运动**，或**线条运动**的组合，按照我们一遍又一遍重复特定形状的比例而存在着，而这种运动或运动组合正是该形状的属性。当我们感知或思考**事物的移动**时，情况则完全相反。对一个事物的移动的思考，无论是其自身移动，还是由其他物体引起的移动，都需要我们的思维从我们面前的特定形状转向或多或少不同的另一个形状。换句话说，移动必然会改变我们所注视的或思考的对象。如果我们把米开朗基罗（Michelangelo）①的坐着的摩西（Moses）②想象成正在站起来，我们就会从雕像的近似金字塔的形状转而想到一个站立着的人物的细长长方形。如果我们把马库斯·奥雷利乌斯（Marcus Aurelius）③的马想成是在迈出下一步，我们会想到一条伸直的腿放在地面上，而不是一条弯曲的腿悬在空中。如果我们把米隆（Myron）④的掷铁饼者（Discobolus）想成是在扔出他的铁饼并"恢复"他的姿态，那么我们就会想到那

---

①　米开朗基罗·博那罗蒂（Michelangelo Buonarroti，1475—1564），意大利文艺复兴时期伟大的绘画家、雕塑家、建筑师和诗人，文艺复兴时期雕塑艺术最高峰的代表，与拉斐尔·桑西和达·芬奇并称为"文艺复兴后三杰"。米开朗基罗的代表作有《大卫》《创世纪》等。

②　以色列人的民族领袖，被认为是犹太教创始者。在犹太教、基督教、伊斯兰教中都是极为重要的人物，"摩西五经"便是由其所著。摩西受上帝之命率领被奴役的以色列人逃离古埃及前往富饶之地迦南，经历40多年的艰难跋涉终于抵达。

③　马库斯·奥雷利乌斯（Marcus Aurelius，121—180），全名西泽·马尔克·奥雷利·安托宁·奥古斯都（Imperator Caesar Marcus Aurelius Antoninus Augustus），罗马帝国五贤帝时代最后一个皇帝，161—180年在位，是罗马帝国最伟大的皇帝之一，既是一个很有智慧的君主，也是一个伟大的思想家。

④　米隆（Myron，活动于约前480—前440），古希腊著名雕塑家。他擅长作青铜像，作品突破了古风时期雕刻的拘谨形式，把希腊雕刻艺术推向新的高峰。他善于把握人体的准确结构及其在运动中的变化关系，并达到精神和肉体的平衡和谐。他被认为是希腊艺术黄金时期——古典时期的开创者。代表作《掷铁饼者》（*Discobolus*），是古典时期前期的一件杰作。

无与伦比的螺旋构图是将自己展开并拉直成一种完全不同的形状，就像树的形状完全不同于贝壳的形状一样。

对移动的绘画表现因此提供了一个极致化的例证，说明了对事物的推理思考和对形状的观照之间的差异。考虑到这个例子，我们就能理解，正如对移动的思考与对线条运动的思考是对立的，对一幅画或雕像所表现的物体和动作的思考，或多或少很可能会转移人们的注意力，使他们不去想那些承担表现任务的绘画的、塑造的形状。我们也可以理解，所有艺术（尽管并非每个艺术家都有意识地）在无意识中处理的问题是，以一种同时满足对形状——能够满足观照的形状——的审美需求的方式，来执行表明关于事物的有趣事实的命令。除非这种对感官的、智力的和移情方面合意的形状的要求能被一件艺术作品——可能会作为图表、记录或插图而有趣——满足；然而一旦事实被传达并被我们的其他知识吸收同化，就会留下一个我们永远不想看到的形状。我不能太经常重复的是，艺术的区别性特征在于，它赋予其作品一种观照的价值，这独立于它们对事实传递的价值，它们作为神经和情感激发物的价值，以及它们对直接的、实用的效用的价值之外。这种审美价值，取决于不变的感知和移情的过程，在回应每一个观照性关注的行为时都会生效，具有持久性和内在性，而其他价值往往是暂时的和相对的。一个底部被打掉了的希腊花瓶，上面画着一个几乎无法理解的过时的神话故事，会触发我们的感觉，这是最有用的现代机械即使在其使用间歇也不会产生的感觉，以及面对塞满了最重要的消息的报纸，一旦我们去领会它的内容就会失去的感觉。

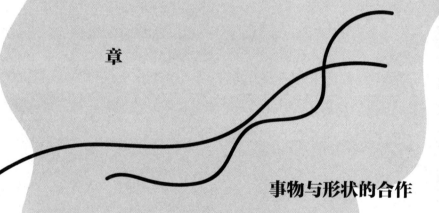

第

十

七

章

事物与形状的合作

通过事物与形状的合作，艺术完成了让观看者从形状想到事物，又从事物回到形状的任务。艺术在其选择和排斥的过程中增加了一个包容的过程，通过将非审美的兴趣从可能的竞争者和入侵者转变为合作伙伴，将之纳入观照的轨道来保障审美观照。

从中世纪直到近代，绘画的主要任务表面上是讲述和重述相同的经文故事；在讲述这些的同时，附带地不断添加有关**事物**的新信息：它们的体积、位置、结构、移动、明暗以及纹理和氛围的相互作用；除此之外，还必须增加一些心理学或（伪）历史学方面的信息，这一切是如何发生的，在什么环境和穿着中发生的，伴随着什么感觉。这项任务，无论是官方的，还是非官方的，与科学工作者和实用主义者所完成的任务没有任何不同，他们都在不断地处理附加的信息。但要注意艺术家完成这项任务的方式的不同：科学事实体现在渐进式的知识聚合中，被吸收、被修正；实用性的事实，被斟酌、被建构；但论文、报纸或信件一旦传达了这些事实，就会被遗忘或丢弃。相反，艺术作品会被铭记和珍视；或者说，它就是以被记住和珍爱为目的而创作的。换句话说，正如我不厌其烦所重复的，艺术的区别性特征是，一旦形状传达了它的信息，或者完成了引起你注意或激发你情绪的任**务，它就会让你回想起这个形状**。首先也是最重要的问题，例如绘画，是防止观看者的眼睛被透视线条带到画框之外，甚至持续地离开画面的中心；雕塑家［这也是雕塑家希尔德布兰德（Hildebrand）的造型构图规则的真正原因］遵循着类似的必要性，即让观看者的眼睛注视着其雕塑的主要部分，而不是通过不同距离的投影来转移观看者的目光，比如罗马人物伸出的胳膊和手。就实体的眼睛（the eye of the body）而言就是如此：观看者的好奇心同样不能被带到艺术作品之外——例如，被一个不完整的人物（没有身体的腿！）或者是一个未完成的姿态——这似乎是反对表现极其快速的行动和短暂的姿态的唯一真正原因。但是，当传递信息的任务意味着观看者的思想被有意地从被表现的东西引导到未被表现的东西时，这种离心作用就会被处理，从而产生一种向心的行为，使其回到艺术作品中：画家提出了一些关于"如何"和"为什么"的问题，在作品中的某处可寻得答案，这迫使你重新审视这幅画。在拉斐尔（Raphael）① 的《埃利奥多罗》（*Heliodorus*）② 中，位于前景中的天使和显然是超自然主义的骑士意味着什么？你的思绪飞到了神庙中央休息室里正在祈祷的大祭司身上，在他、主要人群和分散四处的惊讶的旁观者之间来回移动，你就被有效地封闭在那奇妙构图的拱门之内，并被诱导去探索它迷人的、崇高的、所构成的形状的每一个细节。

　　由此把观看者的注意力保持在艺术作品中，同时暗示艺术作品之外的事物所采用的方法，自然会随着艺术家承担的非审美任务的确切性质而变化；也会因为艺术家的个人天赋而不同，更是由于他所在国

---

　　① 拉斐尔·桑西（Raffaello Santi，全名 Raffaello Sanzio da Urbino，1483—1520），常被称为拉斐尔（Raphael），意大利著名画家，也是"文艺复兴后三杰"中最年轻的一位，代表了文艺复兴时期艺术的巅峰。创作了大量的圣母像，作品充分体现了安宁、协调、和谐、对称以及完美和恬静的秩序。

　　② 该画作全名为《埃利奥多罗被逐出圣殿》（*Expulsion of Heliodorus from the Temple*），是拉斐尔创作于 1511—1512 年的一幅壁画，位于梵蒂冈博物馆拉斐尔画室的埃利奥多罗厅。

家和时代的传统艺术风格而不同：拉斐尔（Raphael）在《埃利奥多罗》（*Heliodorus*）中的设置不可能由乔托（Giotto）[①] 来完成；另一方面，马奈（Manet）[②] 也会将其视为"学院派的"而拒绝。但是，无论采用何种方法，无论它们多么明显地揭示出令人满意的形式观照（form-contemplation）是所有艺术作品一个不变的**条件**，区别于无数不同的**目的**，读者都会发现，讨论这些并不是将其视为确保人们对形状的注意的方法，而是作为为了某种非审美目的而使用这种形状的方法；无论目的是否是通过使杯子的形状便于使用或具有暗示性来诱导你从杯子中喝水；还是通过在你脑海中烙印某一商品的名称和优点，诱使你购买该商品；还是把你的思绪聚焦于圣母玛利亚的悲伤之上；还是唤醒你对伊索尔德（Isolde）[③] 爱情悲剧的同情。然

① 乔托·迪·邦多纳（Giotto di Bondone，约 1266—1337），意大利画家、建筑师，是佛罗伦萨画派的创始人，也是文艺复兴的先驱者之一，被誉为"欧洲绘画之父""西方绘画之父"。乔托的艺术是中世纪与文艺复兴的分界线，他不仅表现出卓越的绘画技巧，同时也奠定了文艺复兴艺术的现实主义基础。

② 爱德华·马奈（édouard Manet，1832—1883），法国著名画家，是 19 世纪印象主义的奠基人之一。他从未参加过印象派的展览，但他深具革新精神的艺术创作态度，深深影响了莫奈、塞尚、梵高等新兴画家，进而将绘画带到现代主义的道路上。受到日本浮世绘及西班牙画风的影响，马奈大胆采用鲜明色彩，舍弃传统绘画的中间色调，将绘画从追求三维立体空间的传统束缚中解放出来，朝二维的平面创作迈出革命性的一大步。

③ 指瓦格纳创作的三幕歌剧《特里斯坦与伊索尔德》（*Tristan und Isolde*，1859），其创作灵感主要来自 13 世纪作家戈特弗里德·冯·斯特拉斯堡改编的 12 世纪同名浪漫传奇爱情故事，1865 年在德国慕尼黑宫廷剧院首演。

而很明显，如果你只想到喝水或购物，而不再看杯子或海报一眼，塑造杯子或设计海报的艺术家会非常失望；如果佩鲁吉诺（Perugino）① 对圣母玛利亚的悲伤或瓦格纳（Wagner）对伊索尔德的爱情苦难的暗示如此有效，以致阻止了任何人多看两遍壁画或听到歌剧的结尾，他们就会死于绝望。这个问题的反转是值得探究的，因为就像关于立体存在的绘画"实现"的类似悖论一样，它提供了艺术与美之间关系的一些心理复杂性的例证。这是我所建议的解释方式。

　　一个艺术家所承担的任务因作品而异，如前所述，为达到目的而使用的形状受到其能力的限制，尤其是受到艺术发展的确切时刻的限制。因此，艺术家认为他可用的形状是某种给定的东西，是手段，而他被要求表现的主题（或他受命去激发的情感）才是最重要的目的。由此，他认为自己（并使批评家认为他）并不是在阻止被表现的主题或被表达的情感使观看者从艺术造型中抽离出来，而是相反地，出于这种主题表现或情感表达的唯一目的而使用这些艺术造型。而这种对真实情况最具解释性的反转最终会让观看者相信，他在杰作中所关心的不是只有杰作才能拥有的形状美，而是在表现

---

① 彼得罗·佩鲁吉诺（Pietro Perugino，1446/1452—1523），原名彼得罗·范努奇（Pietro Vannucci），后来因为故乡佩鲁贾而被称为佩鲁吉诺。文艺复兴时期意大利画家，擅长画风格柔和的彩色风景、人物以及宗教题材，尤其擅长圣母子题材。与达·芬奇、波提切利同是安德烈·德尔·韦罗基奥的学生，他还是拉斐尔的老师，对鼎盛期文艺复兴美术发展有相当的贡献。

一个主题或表达一种情感上的效果，而这种主题和情感可以通过最简陋的涂鸦或最破败的管风琴被同样有效地表现或激发出来！艺术家这种不可避免的，我相信也是有益的幻觉，由于以下事实而被进一步加剧：虽然艺术家的创造力必须致力于避免不相关的内容，减少丑陋出现的机会，但他所创造的形状的真正的美，来自于他非理性的、惯例的和系统化的意识的深处，来自那些可能被称为自动的活动，如果这些活动没有伴随着一种批判性的感觉，即由此自发地、不可避免地产生的结果，那就要么变成必须和应该产生的，要么相反地，坚持变成完全**不应该**产生的。我们可以说，米开朗基罗（Michelangelo）独特的曲线和角度、线条的方向和作用构成的体系，独特的"整体和部分"方案，是由于他的审美感知、感觉和生活模式，再加上所有其他艺术家的模式，这些艺术家的特征在我们称为米开朗基罗开创的流派中被平均化了。他不能离开这些形状，就像他不能在没有伦勃朗（Rembrandt）① 关于明暗的认知和伦勃朗的油画技巧的情况下画伦勃朗的《以马忤斯的朝圣者》（*The Pilgrims of Emmaus*）一样。在这个采用何种形状的问题上，如果没有可替代物，也就没有选择，因此也就不会感觉到有问题需要解决。但是，

---

① 伦勃朗（Rembrandt Harmenszoon van Rijn，1606—1669），荷兰 17 世纪最伟大的画家之一，也是世界美术史上最伟大的画家之一。其画作题材广泛，在光线使用的明暗法上具有开创性。

当米开朗基罗开始使用这些不可避免的形状来表明光明与黑暗的分离，或在西斯廷教堂穹顶上塑造亚当，以及围绕着先知、女巫和基督祖先的《创世纪》①故事时，有几十种备选方案和选择行为，就会出现一系列的问题。天花板是保持统一，还是被分解成互不相关的组合？在这里，除了他在形状方面的近乎自动的天赋，这个男人还有超人的建设性创造力。看看他是如何以这样一种方式将天花板分解开来的：使独立的构图框架组合成一个由彩绘椽和支架构成的巨大结构，先知、女巫、祖先们，以及赤裸的上古精灵，变成了建筑构件，将假想中的屋顶固定在一起，确保其看似稳定，通过它们的姿态逐渐增加其上升感和重量，同时也确定了观看者眼睛被迫移动的轨迹。（观看者的）眼睛向前和向后，被这充满生命力的建筑所驱动，一圈又一圈地寻找可见图案的完满，寻找象征和叙事意义。再回到创世的故事中，祖先们遥远的历史事件，男女先知们巨大的且被惊人呈现出的抒情诗式兴奋和绝望，强壮的精灵的异教暗示，所有这些都像宏大的交响乐同时的、连续的和声一样整合在一起，围绕着那些关于宇宙和人类是如何被创造的核心故事中反复出现的、占主导地位的关键词，由此使观看者感受到所观赏的不是《旧约》的一部分，而是它的全部。但与此同时，同样地，他们的想象的、

①《圣经》中的篇章。

情感的渴求也在不断变化和增加，对那些最令人难忘的书面故事的思考，与对那些由生动的线条、曲线和角度组成的非凡系统的感知和移情相结合；在一个伟大的协调运动中，这些系统不朽的影响、速度和方向永远在开始，永远不会结束，使观看者的思绪不断悸动，直到对观看者来说，仿佛这些绘画形状本身就是创世第八天①的冠冕之作，在宁静可见的融合中汇集整个创世的不可言喻的能量、和谐和辉煌。

这个米开朗基罗创作的穹顶的例子展示了，由于感知的节奏属性，艺术如何完成了让我们从形状想到事物，又从事物回到形状的任务。同时它让我们看到心理规律的作用——已经体现在线与线、点与点的基本关系中，根据这一规律，凡是可以在不断的交替中被思考和感觉到的东西，都会通过这种共同活动的重复而变成一个整体。这意味着，艺术在其选择（selection）和排斥（exclusion）的过程中增加了一个**包容**（inclusion）的过程，通过将任何并非完全难以驾驭的东西吸收到观照的轨道中来保障审美观照。这种将非审美的兴趣从可能的竞争者和入侵者转变为合作伙伴的做法，是对审美满足感而言的一个无与伦比的倍增因素，它扩大了审美情感的范围，

---

① 《圣经》中记载上帝创世用了七天的时间，这里作者用"第八天"的说法形容米开朗基罗的创作臻于至高至善至美的佳境。

并通过纳入那些本应竞争性地减少它们的因素来增加这种情感的容量和稳定性。这种将可能的竞争对手转变为盟友的典型例子是立体元素，我已经描述过，它是从对**事物**的思考到对**形状**的观照的第一个也是最经常的入侵者。因为将暗示的第三维度引入一幅画面中，可以通过提供可与之协调的辅助性的假想要素，防止我们的思维**脱离**仅为二维的观相。因此，明暗的透视和造型满足了我们对于移动的习惯，正如那句话所说，使我们**进入**一幅画中；**进入**画中之后，我们就留在那里，在那些已经存在于真实二维表面上的框架之外，在画中的想象平面上建立起水平和垂直的框架。这种由于透视而出现的形状的增加，强化了已经存在的移情化戏剧，而不是由于我们的视线离开画面就会打断它们——我们一定会这样，如果我们的探索和所谓的立体移动倾向没有在画面的范围内被付诸实施。

然而，这种审美观照与我们对立体存在的兴趣以及我们对移动的持续思考的结合，不仅仅是保障和增加我们移情活动的机会；它还增加了对色彩的感官辨别力，从而增加了色彩的愉悦感，因为色彩被视为光、影和有价值的，是对三维**事物**的暗示，而不仅仅是二维**形状**的组成部分。此外，人们很容易厌倦"跟随"垂直和水平方向及其中间的方向；而移情化的想象，以其动态的感觉和频繁的半模拟性的伴随，需要足够的休息间隔；而这种休息，这种不同精神功能的交替，正是由对立体存在的思考来提供的。艺术评论家经常指出，缺乏立体元素的绘画可能被称为纤薄的、缺乏**持久力**；他们还应该注意到，人们对二维的图案和建筑轮廓的持续关注，会引发令人疲累的、几乎是幻觉般的兴奋，而实际上，是在估量设施和建筑的立体属性的过程中，人们无意中看到了这些图案和轮廓。

　　由于本书的限制，我只能把绘画作为审美观照的一种类型，我必须要求读者接受我的权威，并在可能的情况下自己亲身验证我所说的事实，加以必要的变通，比照适用于其他艺术。正如我们已经注意到的，类似于第三维度的东西也存在于音乐中；甚至，正如我在其他地方所阐明的①，也存在于文学中。伴随着旋律的和声满足了我们思考其他音符，尤其是其他相关音调的倾向；至于文学，对文字的整体处理，实际上是整体的逻辑思维，只是一个在"什么"和"如何"之间来回进行的立体化工作，是项目和主题的协调，通过预先阻止回答可能会转移注意力的问题，保持头脑被封闭在一个集合了各种想法的方案之中。如果第三维度的实现被误认为是审美满足感的主要因素，那么这个错误不仅是因为立体想象和艺术天才之间已经被注意到的巧合，更是因为立体想象是各种倍增因素的类型——通过它，移情的，也就是本质上的审美的活动，可以增加其活动范围、持久力和强度。

---

　　① 指作者所写的文章《词语的处理》（"The Handling of Words"），刊发于《英国评论》（*English Review*）1911 年第 12 期。

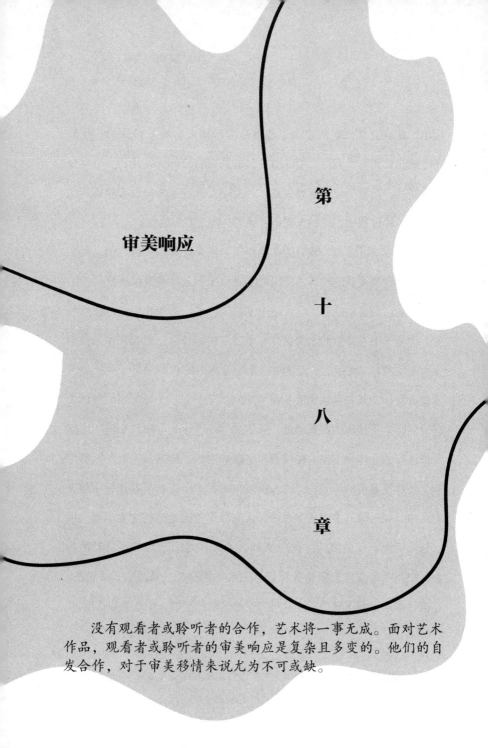

审美响应

第

十

八

章

没有观看者或聆听者的合作，艺术将一事无成。面对艺术作品，观看者或聆听者的审美响应是复杂且多变的。他们的自发合作，对于审美移情来说尤为不可或缺。

我们的考察就这样从审美的观照进入到艺术作品，艺术作品在试图保障和满足审美观照的同时，也在推进生命的其他各种诉求。我们现在必须回到审美观照，并找出观看者如何通过迎合这些努力来确保和满足其观照的注意力。因为读者这时已经明白，没有观看者或聆听者的合作，艺术将一事无成；而这种合作，远不是由被动的"被美所打动"——在非科学主义的美学家想象中类似于"被感性的属性所打动"，被热或冷、甜或酸的感觉所打动——构成，实际上是更高级的活动的组合，在复杂性和强度上仅次于艺术家本人。

我们在前一章中已经看到，艺术家工作中最深思熟虑的部分，尽管不是最重要的部分，是防止观看者的响应性活动受到任何可能的干扰，当然也要通过各种方式增加响应性活动的输出。但它的来源在于观看者，而非最巧妙的艺术手段和最强烈的艺术诉求能控制的。审美欣赏的主动属性的最好证据，就是审美欣赏往往不是那么容易出现的事实。如果没有适宜的身体的化学反应，即使是单纯的感觉，那些我们最不可抗拒、被动接受的单一属性的印象，也不是令人愉快的：同样的味道或气味会因为我们最近吃过的食物，是有吸引力的或令人厌恶。无论颜色和声音的感觉如何不可阻挡地强加在我们身上，如果我们身体或精神不适，我们对它们的屈服甚至不会伴随着最"被动"的快乐。不同于我们处理**感觉**时，其强度毕竟有三分之二取决于外部刺激的强度，我们处理**感知**时，感受力的缺乏会更频繁，因为其中包括探索一个形状时身体的和精神的活动，并要在其组成的感觉中建立它们相互之间和它们与我们自己之间的关系；没有这些活动，对观看者来说，根本就没有形状，而只是一片混乱。在预测感知移情反应的可能性时，我们必须记住，这种积极主动的形状感知，无论与繁琐的移动过程相比是多么瞬息万变，还是需要一个完全可测量的时间，因此需要将其组成过程保存在记忆中，以便进行比较和协调，就像我们评估声音序列关系的类似过程一样。所有这些精神活动与逻辑上"遵循"一个论点相比，不是那么清楚明确，但在强烈和复杂程度上并不比后者少，因此我们并非总是能够或愿意提供这种活动。不能够，是因为对实用性决策的需求促使我们快速地从最低限度的感知推断到最低限度的相关经验，我们称之为"识别事物"，从而避免了对形状的表面化处理的出现。不愿意，是因为我们的神经状态可能无法承受形状感知的压力；同时我们的情感偏向（我们称之为**兴趣**）可能有利于某些与之不相容的活动。直到最近［尽管费希纳（Fechner）① 进行了著名的入门级实验］美学还只是形而上学思辨的一个分支，只是到了如今，审美

---

① 古斯塔夫·西奥多·费希纳（Gustav Theodora Fechner, 1801—1887），德国哲学家、物理学家、心理学家、美学家，心理物理学的主要创建人，实验心理学的先驱。其《心理物理学纲要》（1860）把物理学的数量化测量引入心理学，提供了感觉测量、心理实验的方法和理论，为冯特建立实验心理学奠定了基础。

响应这一基本事实才开始被研究。就我自己成功地做到这一点而言，我想我可以向读者保证，如果他每天记录下他在艺术作品中所能获得的乐趣的量，他很快就会认识到审美响应的存在及其高度多变的性质。如果同一位读者对这种（经常是令人感到丢脸的）审视自己的审美体验产生兴趣，他会发现其中各种各样的情况，从而阐明此本小书中的一些主要原则。他的日记将记录这样的日子：审美欣赏开始于他"进入"一系列绘画或雕像的瞬间，实际上在有时当他穿过街道注意到熟悉物品的意外魅力时就存在了；或者记录其他的日子：只有经过努力的关注，才能享受到快乐；另外的日子里，用柯勒律治（Coleridge）① 的话说，**他看到，而非感觉到，事物是多么美**；最后，经历了其他各种各样的审美体验，只有缺点和荒谬吸引他的注意力的日子。在这种审美的自我反省和忏悔过程中，这个读者可能也会对某些日子产生熟识感，这些日子的体验证实了我从未充分重复过的**观照形状**和**思考事物**之间的区别；或者，用常见的美学术语来说，**形式**和**主题**之间的区别。因为有些时候，绘画或雕像的确会给人们以愉悦的兴趣，但兴趣在于其中**被表现**的事物，而不是**形状**；一幅绘画甚至会对我们戏剧的、宗教的或浪漫的

① 塞缪尔·泰勒·柯勒律治（Samuel Taylor Coleridge，1772—1834），英国著名浪漫主义诗人、文艺批评家，湖畔派代表人物，与华兹华斯开创英国浪漫主义文学先河。

一面具有强烈吸引力；或者相反，对我们科学性的一面产生吸引力。有时候，一个人可能会被一幅圭多·雷尼（Guido Reni）[①] 殉道主题的作品深深打动，或者沉迷于《时髦的婚姻》（*Marriage à la Mode*）[②]；又有时候，即使是乔尔乔内（Giorgione）[③] 的田园画作也可能［如罗塞蒂（Rossetti）[④] 的十四行诗］只是意味着在炎热的一天后坐在草地上听着水流声和乐器的调音声的慵懒快乐；同样的思想和情感，同样的兴趣和快乐，从一幅挂在小旅馆客厅的油画中也可以获得。然后，在科学主义的兴趣和乐趣方面，也许有那么几天，日记作者会对一幅丑到令人厌恶的绘画感到非常高兴，因为它提供了一些年代线索，或是新出现的比较点。"这可以**追溯**到某种或者某种风格。""外光派画法（Plein Air）[⑤] 已经被一个吉奥塔斯科画

---

① 圭多·雷尼（Guido Reni，1575—1642），16—17 世纪时意大利著名的巴洛克风格画家，画作多是以神话和圣经故事为主题的历史画。

② 英国著名画家威廉·霍加斯（William Hogarth，1697—1764）于 1743 年创作的一组油画，此组油画现被保存在伦敦国立画廊。霍加斯的作品范围极广，从卓越的现实主义肖像画到连环画系列，许多作品经常讽刺和嘲笑当时的政治和风俗。后来这种风格被称为"霍加斯风格"，他也被称为"英国绘画之父"。

③ 乔尔乔内（Giorgione，1477—1510），意大利威尼斯画派画家，威尼斯画派中最具抒情风格的画家。

④ 克里斯蒂娜·吉奥尔吉娜·罗塞蒂（Christina Georgina Rossetti，1830—1894），英国诗人，在题材范围和作品质量方面均为最重要的英国的女诗人之一。她的诗歌表现出一种双重的自相矛盾的感情，一方面它们表达感官上的审美情趣，另一方面又含有神秘圣洁的宗教信仰。

⑤ 印象派画家主张外光派画法的概念，认为画家应该在户外作画以捕捉光线，而不是像学院艺术限制在阴暗的画室里作画。

家（Giottesque）① 尝试过了！德加（Degas）② 被史前石器时代的穴居人抢先一步！"，等等。最后，在有的日子里，日记作者会被这样的想法所困扰：那些被表现的人物接下来要做什么——"如果米开朗基罗的耶利米（Jeremiah）③ 站起来，他会撞到头吗？""当他把铁饼扔出去后，掷铁饼者将如何恢复姿态？"或者被更轻浮的想法所困扰（尽管仍是美学相关的！），比如"多么像某某夫人啊！""布朗克少校的生动形象！""我多么讨厌嘴唇像是封蜡了一样的奥本人（auburn people）！"，等等。

这种**远离形状的**不同想法往往可以追溯到之前的思维指向或是身体和情感的特殊状态。但是，无论在这个特定的例证中是否可以解释得通，一个人自身审美响应的这些多样性将说服已经证实其存在的读者：对形状及其特定情感的观照满足，即使是最伟大的艺术家或最优秀的惯例也无法给予，除非观看者能够与至少一半以上的他们的努力相契合。

观看者自发的合作对于审美移情来说尤其不可或缺。正如我们所见，运动、能量和意图的移情模式归因于形状和形状元素，

---

① 此种绘画风格、流派源自于对乔托的模仿，总体特征是直接观察自然，以再现客观现实的写实画风。

② 埃德加·德加（Edgar Degas, 1834—1917），法国印象派画家、雕塑家。

③ 《圣经》故事人物。

这是由于涉及单纯的形状感知的运动和能量模式；但形状感知并不一定能激发移情想象。努力、抵抗、调和、合作或大或小的动态戏剧性，构成了绘画或造型构图中最强烈的兴趣，却被具有相反性质的身体或精神状态所抑制。如果我们恰巧觉得自己的脚像是灌了铅，关节像是变成了水，我们就不再**觉得**（尽管我们可能会像柯勒律治一样，继续**看到**）一座山或一个雕像的线条正在上升。移情运动协调的相互作用，使得某些中世纪的地板图案以及莱昂纳多（Leonardo）①的作品，成为一个如行星系般的旋转式和谐，但在我们坐立不安、注意力不集中的日子里，这就无法在我们的想象中发生。但是，在安静欣赏的日子里，线条的排列会让我们浮想联翩、心有悸动，而在我们自己感到飘飘然、充满激动的日子里，线条的排列在各种意义上都会变得"可引发共情的"。但是，审美响应的缺乏可能是由于其他原因。正如有些线条的组合由于其元素或协调原则不常见而需要更长的时间去感知，所以，甚至更多的可能是，当习惯了其他东西，并且因此以不适宜的移情反应去满足新的需求时，就会出现阻碍动态的想象的移情方案（或戏剧）。移情更甚于单纯的感知，它是一个关于我们活动的问题，因此也是一个我们习惯的问题；一个时代和一个国家（比如

① 指莱昂纳多·达·芬奇。

14 世纪的佛罗伦萨）的审美敏感度如果有着像比萨建筑那样的圆拱结构和保持水平线的习惯，就永远无法热情地欣赏法国哥特式建筑中的尖形椭圆、倾斜的方向和不稳定的平衡，一触即发的张力和抵抗的戏剧性；由此，圆拱形不断被重新纳入到引进的风格中，并迅速回归文艺复兴早期建筑中常见的移情方案。另外，哥特式细节在 16 世纪和偶见于 17 世纪的北方建筑中持续存在，表明了习惯于哥特式造型的移情的人们，一定会觉得圆拱形和笔直的顶楼是多么平淡乏味。没有什么比想象和情感更遵循惯例的了；因此，移情（在其中这两者兼而有之）比起它所起始于的感知，更多地依赖于熟悉：斯波尔（Spohr）① 以及与贝多芬（Beethoven）② 同时代的其他专业人士可能听到并从技术上理解了贝多芬最后四重奏的所有特点；但他们并不喜欢它们。

众所周知，不断重复会导致冷漠。当好奇心和期望不再释放我们动态的想象力时，我们不再注视"熟知"的形状，也不再根据我们自己的活动和意图来进行解读。因此，尽管完全陌生会阻碍审美

---

① 路易斯·斯波尔（Louis Spohr, 1784—1859），德国小提琴家、作曲家、指挥家。

② 路德维希·凡·贝多芬（Ludwig van Beethoven，1770—1827），德国著名音乐家，维也纳古典乐派代表人物之一。不仅是古典主义风格的集大成者，同时又是浪漫主义风格的开创者。其作品对世界音乐的发展有着非常深远的影响，被尊称为"乐圣"。

响应，但过度熟悉却从根本上阻止了审美响应的开始。事实上，感知清晰度和移情强度都会达到顶点，当某些形状提供了在新奇中探寻熟悉度带来的兴奋，敏锐比较带来的刺激，期待与部分的识别/意料之外的识别带来的情绪起伏；其中意想不到的识别具有一种非常深入肺腑的情感温暖，正如当我们注意到一个陌生人具有某个熟人的语言或手势技巧时。这种在熟悉中发现新奇、在新事物中发现熟悉的频繁程度，与形状的明确性和复杂性成正比，也与观看者注意力的敏感度和稳定性成正比；与此相反地，形状的"明显"特质和肤浅的关注都会引发兴趣耗尽并要求改变。这种兴趣的枯竭和随之而来的变化要求与强加给艺术的不断改变的非审美目标结合起来，共同产生了创新。观赏者对审美的关注越肤浅，风格就越会被更快地接替，而形状和形状方案就会被夸张至死，或者在成熟之前被丢弃不顾；这种情况在我们这个时代尤为明显。

以上是一系列的例证，说明审美愉悦取决于观看者的活动，一如取决于艺术家的活动那样。不熟悉或过于熟悉在很大程度上解释了"品味无争议"（no disputing of tastes）这句话所概括的审美的无响应。即使是在对某种特定风格或大师风格的习惯性反应的范围内，正如我们刚才所看到的，也会偶尔有几天或几小时，个别观看者的感知和移情想象并没有以提供惯常的快乐的方式发挥作用。但这些偶然的、甚至经常的失误绝不能削弱我们对于艺术力量的信念，也不应削弱我们对于审美偏好作为一个整体的高度系统化、必然性本质的信念。对于这种波动的了解应该让我们明白，当人们的注意力不是如在画廊和音乐会中那样仅仅为了审美享受而被激发，相反地，由于其他一些已经存在的兴趣而被引向形状的艺术或"自然"之美时，形状之美才是最自然、最完全地被欣赏的。除了艺术评论家，没有人在看到一幅新的画作或雕像时会先问"它表现的是什么？"；在这个问题导致的审视中，形状感知和审美移情会附带出现。事实上，即使是艺术评论家，也常常会被他特定的偏好引发的其他某些问题而带入对艺术形态的强制性观照：是谁创作的？创作的确切日期是什么时候？甚至诸如"于何时何地修复或重新涂画"这样的技术问题，都将引发必要的注意力输出。除了审美欣赏，对一件艺术作品感兴趣还有诸多原因，这是很可能的，也是合理的；每一种兴趣都蕴涵了自己感性的、科学性的、戏剧化的甚至是盈利性的情感；如果我们在特定的审美响应十分迟钝或未出现时，转回头诉诸其中某一种兴趣，那么对艺术而言并没有损失，而是一种收获。除了审美满足，艺术还有其他目的；审美满足感不会因为我们背弃这些非审美的目的而来得更快。对艺术最糟糕的态度是度假者的态度，他来到这里时没有什么别有用心的兴趣或业务，只抱有对最经常拒绝他的审美情感的希望。实际上，如果不是因为审美响应——正是造成非常令人

困惑的效果的原因——的另一个特性，此类对审美愉悦本身的追求甚至会导致如此多的画廊参观者感到乏味沮丧。（谈及另一特性，作为）游客的这种仅有的可取之处，以及（我们将会看到）艺术专家的这种陷阱，就是我所提出的审美情感的可传递性。

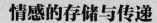

情感的存储与传递

第

十

在形状感知和移情过程中，当任何情绪
成为习惯性的，就会被储存在我们的记忆中。
我们使用文字语言如"美的"来指称并唤醒
特定的情感，由此一些审美经验得以从过去
被传递到当下的场合、情境之中。

九

章

在谈到熟悉性是审美欣赏的一个倍增因素时，我强调了它在对形状的感知和移情解读方面的促进作用。但重复会直接影响这些过程可能产生的情绪；当任何情绪成为习惯性的时，它往往被储存在我们所谓的记忆中，并且不仅由产生其的过程激发，而且独立于所有这些过程之外，或对某些共同或等效的因素作出回应。我们对这一心理事实如此习惯，以至于我们通常似乎没有意识到它的存在。除了它们唤起的任何图像，文字往往还能不可抗拒地唤起情感，这是对文字力量的解释。而在其他情感中，文字可以唤起一种由于对形状自如的感知和对生活的移情解读而产生的情感。"美的"一词及其各种近义词属于我们的词汇中最具情感暗示的词语，带有可能模糊但有力的关于我们自己对赞美情绪的身体反应的记忆；不仅如此，我们还开始练习并重复半张的嘴唇，微微仰起的头，深深的呼吸和睁大的眼睛，这是我们习惯迎合审美满足的机会的表现。不管这究竟会如何，但可以肯定的是，与"美的"一词相关的情感可以由该词语单独诱发，而不需要伴随着视觉或听觉感知的行为。事实上，如果美的形状没有在其后留下这样的情感痕迹，能够在情感层面适当的、虽然看起来非常不同的情况下恢复活力，那么它们在我们的生活中的重要性就会大大降低；从而极大地增加了我们最安全的、也许是因为我们最纯粹的主观的幸福感。因此，我们这些挑剔的人不应该轻视，米洛的维纳斯（Venus of Milo）① 或西斯廷的圣母像的存在，可以激发那些明显没有能力欣赏杰作、有时甚至几乎看都不看它们一眼的人的狂喜，而应该从这种有趣又令人欣慰的现象中认识到，这是对美的力量的又一证明，关于美的特定情感可以通过一个简单的名称被唤起，从而从过去的某些审美欣赏经验被传递到现在的场景，否则现在的场景就只会是空虚和失望。

抛开这些情况不谈，审美情感的传递（通常通过一个词来完成），或者至少是审美情感的意愿的传递，可能是审美兴趣从一种艺术传播到另一种艺术的解释之一，因为它解释了个体审美发展的某些阶段。本作者可以证明，至少有一个真实存在的孩子（即我自己），通过将"美的"一词应用于如下不同的类别，其审美情感以及随后的审美欣赏的可能性从音乐和自然风景扩展到了绘画和雕塑。还有一些类似的情况可能有助于人们初步认识到，迄今为止依附于几何形状的移情愉悦可能来自现实的形状，比如阿尔塔米拉岩画里的野牛和驯鹿，它们迄今为止一直因其栩栩如生和技巧而受到赞赏，

---

① 米洛的维纳斯（希腊语：Ἀφροδίτη τῆς Μήλου，法语：Vénus de Milo）也被称为断臂维纳斯，是一座著名的古希腊雕像。这座雕像创作于公元前 150 年左右，表现的是希腊神话中爱与美的女神阿佛洛狄忒（罗马神话中与之对应的女神是维纳斯）。这座大理石雕成的雕像高 202 厘米，略大于人体真实大小。1820 年被发现于希腊米洛斯岛（现代希腊语称作米洛），故被称作米洛的维纳斯。过去它曾被误认为雕刻家普拉克西特列斯的作品，现在一般认为是阿历山德罗斯的创作。目前被收藏于法国巴黎的卢浮宫。

而尚未受到任何审美歧视。同样地，在我们这个时代，风景画的发展促进了人们对自然风景的喜爱，而不是自然风景促进风景画的发展。我冒昧地提出，正是审美情感的习惯，比如中世纪的人们从石头或砖砌的大教堂的线条比例、方向和协调中所获得的审美情感的习惯，促使他们的音乐家建立起了灵魂的第一个由声音构成的平衡协调的栖息地，就像勃朗宁（Browning）① 的诗作《阿伯特·福格勒》（*Abt Vogler*）一样。

即使是最后的选择但仍值得去做的是，读者应该接受，并在可能的情况下亲自验证**审美情感的储存和传递**这一心理事实。此外，前面提到的几点，有助于解释美学的几个关键问题和悖论。首先也是最重要的一点是，一些哲学家甚至是美学家将"品味无争议"（"De Gustibus non est disputandum"）这一格言发展为对所有固有的形状偏好的明确否认，并断言"美的"和"丑的"只是**时尚**和**不时尚**、**原创**和**非原创**、**合适**和**不合适**的代名词而已。正如我已经指出的，品味的差异是由对应特定时间和地点的不同感知和移情习惯引起的，也是由那些与个体神经状况有关的习惯引起的，尤其是移情习惯：习惯于圆拱门的人发现哥特式拱门是不

---

① 罗伯特·勃朗宁（Robert Browning, 1812—1889），英国诗人、剧作家，维多利亚时期代表诗人之一。他以精细入微的心理探索而独步诗坛，对英美 20 世纪诗歌产生了重要影响。

稳定的且古怪的；另一方面，一个人对洛托（Lotto）① 笔下突然且曲折的线条感到强烈的愉悦，就会发现提香（Titian）② 笔下的画面平淡且单调。但是，这种内在存在的偏好和不相容性，会由于对某种特定艺术的情感偏见（支持或反对）而大大增加；我指的是一种并非由于这种艺术的特性的偏见，而是阻止我们真正接触它们的偏见。

审美感知，尤其是审美移情，像其他智力和情感活动一样，受制于一种敌对的心理态度，就像身体活动受制于四肢的僵硬一样。我毫不犹豫地说，我们一直拒绝去观看某些种类的艺术，是因为出于这样或那样的原因，我们在情感上带有偏见地抗拒它们。另一方面，一旦我们具备了有利的情绪条件——通常是通过语言——在其伴随下"开工"，我们的感知和移情活动就会以两倍的轻松程度推进。很有可能，相当一部分通过时尚或移情来达到的审美鉴赏力的提高，不仅要归功于群体性的模仿力，还要归功于对"空气中"存

① 洛伦佐·洛托（Lorenzo Lotto，1480—1556），意大利画家。虽然受到贝利尼和乔尔乔内的影响，洛托是个性最独特的威尼斯画派画家。他画中出现的人物大多数孤傲正直，富有个性；风景多作重峦叠嶂、深山幽谷；在画中常运用强烈的光和响亮的色彩，使画面色调高昂；画中的形象塑造，写实中略有夸张的表情使画中人物个性更为鲜明。

② 提香·韦切利奥，又译提齐安诺·维伽略（Tiziano Vecelli 或 Tiziano Vecellio，1488/1490—1576），英语系国家常称为提香（Titian），意大利文艺复兴后期威尼斯画派的代表画家，兼工肖像、风景及神话、宗教主题绘画。他对色彩的运用不仅影响了文艺复兴时代的意大利画家，更对西方艺术产生了深远的影响。

在着一种适宜或不适宜的感觉的认知。情感先于欣赏，两者都是发自内心的。

一种更具个人羞耻感的审美体验也可得到类似的解释。除非我们非常不善于观察或非常自欺欺人，否则我们都很熟悉来自某个邻居的敌意批评或专家的傲慢态度对我们的审美情感的突然审查（往往带来几乎是身体上的痛苦）："糟糕的老套"，"完全已知的"，"二流的作品"，"完全是涂鸦"，"在（一段音乐的）表演中搞得一团糟"，"仅仅是漂亮而已"，等等。类似于这些话，有多少次扭转了诚实的初始享受带来的高涨情绪；把我们从对一些真正令人愉快的属性（甚至是像山一样古老的元素，如清晰、对称、悦耳或宜人的颜色！）的享受者，变成了对于任何全新的方案和顶尖天赋都吹毛求疵的毫无生趣的苛责者！事实上，在教给少数特权人士品味波提切利（Botticelli）所拥有而波提切利的弟子们所没有的特殊"属性"时，由此通过区分较为优秀的艺术产品和较为普通的艺术产品来偶尔增强审美享受，现代艺术批评可能浪费了许多诚实又谦逊的能力，无法欣赏所有优秀艺术的共同属性，因为这种能力对于这样的欣赏是不可或缺的。因此，我在结束这些关于审美情感的储存和传递，以及由此产生的对艺术欣赏的偏见的例子时，不免带有某种报复性的恶意，因为鉴赏家的脚步受到了复仇女神的干扰。我们都听说过，在某些著名专家的权威认证下购买或几乎购买了一件精彩杰作；而这件杰作后被证明只是来自同流派的仿作，有时甚至是被证实的现代赝品。前面关于审美情感的存储和传递的谈论，加上我们对形状感知和移情的了解，将使读者能够把这种悖论性的恶行弱化为一种自然现象，只有在未诚实承认的情况下才是不可信的。因为一个同流派的仿作或赝品，必须具备足够多的与杰作相同的元素，否则它永远不能表明与杰作有任何联系。考虑到一种认可的情感态度，以及缺乏明显的外部（技术性的或基于史实的）怀疑理由，这些相似的元素必然会唤起对于特定大师作品和他的名字的模糊想法，尤其是其移情方案——我们应该说是莱昂纳多（达·芬奇）的作品吗？——这样的话会涌到嘴边。但莱昂纳多是一个可以唤起魔法的名字，在这种情况下又会摧毁魔法师本人：莱昂纳多这个词意味着一种情感，它是从许多备受珍视的、有目的的重复的经验中提炼出来的，在尊重性的隔离中不断积聚力量，每当提到它时，这种力量都会被一种原初崇拜的兴奋感进一步加强。这种"莱昂纳多情结"（Leonardo-emotion）一旦开始，就会审查所有不值得的怀疑，把所有关于劣质作品的想法从意识中扫除（**劣质**和**莱昂纳多**在情感上是不相容的！），恭敬地举着蜡烛，反复讨论仿作和杰作的共同要素，专门属于莱昂纳多的区别性要素在专家的记忆中被唤起，直到最后，客观的艺术作品被嵌入回忆的杰作中，

这些杰作赋予它具有情感感染力的价值。当这个可怜的专家最终被嘲笑淹没时，庸俗的人精明地决定，假冒的莱昂纳多和真正的莱昂纳多一样好，这些都是时尚的问题，而且真的不存在品味上的争议！

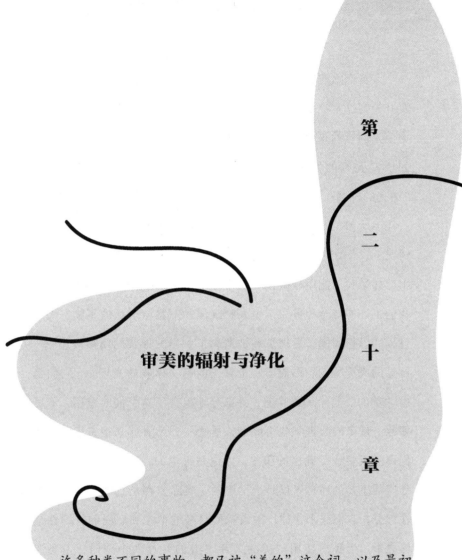

第

二

十

章

审美的辐射与净化

　　许多种类不同的事物，都已被"美的"这个词，以及最初由对纯粹形状的满足性观照产生的情感所辐射。审美情感被辐射和传递，也就产生了提升和净化的影响。

审美情感的储存和传递解释了另一个事实，我正是由这个事实开始写这本小书的：即"美的"一词已经从我们对形状的观照中令人满意的东西扩展到了许多根本不存在形状问题的情况，比如说"美好的性格"和"良好的道德态度"；或者，就像一台"漂亮的机器"、一个"精细的科学演示"或"出色的外科手术"一样，所涉及的形状根本不足以让人产生观照的满足感。在这类情况下，"美的"这个词是被带入了具有满足感的观照的情绪之中。如果我们能用显微镜观察那些正在作如此运用的人的头脑，我们也许能在全神贯注于令人赞叹但并不具备形状的事物、人或过程的思想周围，发现那些被遗忘了一半的形状的模糊痕迹——可见的或可听的，形成了一个真正的审美体验的光环——它们是由"美的"这个词所唤起，并部分地验证了这个词的应用。不尽如此。近来的心理学告诉我们，尽管一开始看起来很奇怪，但我们那些或多或少确定的印象，无论是听觉的，还是视觉的，无论是实际感知的还是仅仅是记忆中的，实际上都是意识内容的间歇性部分，它们来来往往，融入我们自身的活动和感受的持续性整体之中。当我们使用"美的"和"丑的"这两个词时，主要涉及、关注的正是这些活动和感受。因此，凡是与令人满意的形状观照的情境相关的，都会在某种程度上获得与形状观照最初引起的相同的反响。即使是画家传达的关于可见宇宙的最细微的信息；

诗人传达的最细微的人性细节；不仅如此，甚至是音乐家所提供的纯粹的神经性陶醉，都会被由它们所传达的形状而产生的情感所辐射，因此会被感觉为是美的。

此外，正如"美好的性格"和"出色的手术"已经使我们懂得的那样，稀有而令人向往的品质往往会被以一种"柏拉图式"的方式来观照。即使是身体欲望的对象，只要这种欲望不是剧烈而紧迫的，也可能引起纯粹的观照的渴望。所有这一切，加上前面所说的，充分解释了许多种类不同的事物被"美的"这个词，以及最初由对纯粹形状的满意的观照所产生的情感所辐射。

这种对美的形状的观照，应该同时具有对生命的确证性和不可思议的非个人性，它的特殊情感是如此容易被辐射和传递，这就足以解释自柏拉图（Plato）① 以来哲学家通常认为美具有提升和净化的影响。然而，其他道德家也不乏指出，艺术偶尔甚至经常会产生截然相反的效果。但是，一旦我们认识到，艺术除了其独特的目的——增加我们对美的观照，还有许多其他目的，对这种看似矛盾的反复讨论就结束了。事实上，艺术的许多非审美目的本身可能与提升和净化无关，甚至，例如某些绘画和诗歌的粗俗下流或野蛮凶

---

① 柏拉图（Plato，古希腊文 Πλατών，前427—前347），古希腊伟大的哲学家，也是整个西方文化史中最伟大的哲学家和思想家之一。柏拉图和老师苏格拉底、学生亚里士多德并称为"希腊三贤"。

残的主题，以及某些音乐的神经性麻醉，都会产生贬低或削弱的影响。但是，正如我们整本书试图确立的那样，对美丽形状的观照涉及感知过程本身在精神层面的振奋和完善，以及实现精神生活最大需求——强度、目的性与和谐性——的移情化感觉的作用；这种感知和移情的活动必然会提升当前的存在水平，并为未来的体验留下更高的标准。美的形状所带来的这种独特的提升效果，当然与它所受到的关注和对与艺术作品有关的其他、甚至可能更低级的兴趣的排除成正比。另一方面，美的形状的净化效果取决于在它们与其他兴趣之间来回摆动的注意力，例如**表现性**艺术中的**主题**、**应用性**艺术中的**适宜性**以及音乐中的**表达**；所有这些非审美的兴趣（如果高尚，则得到加强，如果卑鄙，则得到救赎）都得益于它们由此所关联的更高尚的情感的辐射。因为我们绝不能忘记，在对立化情绪被引发之处，无论哪一方的情绪恰巧更活跃、更复杂，都会使其对手变得无效。因此，当一幅画的"主题"、一栋建筑物或一件动产的用途，或一段音乐的表达本身是高尚的时，审美感受的强度和复杂度会更高；一个德加（Degas）笔下的芭蕾舞女孩永远不可能拥有菲迪亚斯的女神（Phidian goddess）① 的尊贵，赌博的赌场也不可能拥有大教

---

① 菲狄亚斯（Phidias，古希腊文 Φειδίας，约前 500—前 432），雅典雕塑家，被公认为最伟大的古典雕塑家。其著名作品为世界七大奇迹之一的宙斯巨像和巴特农神殿的雅典娜巨像，两者虽然都早已被毁，但仍有许多古代复制品传世。

堂的尊严，王尔德（Wilde）① 的《莎乐美》（*Salome*）② 的音乐也不可能有勃拉姆斯（Braham）③ 的《德意志安魂曲》（*German Requiem*）④ 的庄重——无论它们在造型上有什么样的美感，会转移人们对非审美化暗示中的粗野或卑劣的注意力。如果我们将科雷乔（Correggio）⑤ 的《达娜厄》（*Danaë*）⑥ 中体现的市侩、放荡的寓言搁置一

---

① 奥斯卡·王尔德（Oscar Wilde, 1854—1900），19 世纪英国（准确来讲是爱尔兰，但是当时由英国统治）最伟大的作家与艺术家之一，以其剧作、诗歌、童话和小说闻名，唯美主义代表人物，19 世纪 80 年代美学运动的主力和 90 年代颓废派运动的先驱。

② 王尔德于 1893 年创作的戏剧。莎乐美的故事最早记载于《圣经·新约》中的《马太福音》，讲述了莎乐美听从母亲希罗底的指使，在为希律王跳舞后，要求以施洗者约翰的头颅为奖赏。王尔德的《莎乐美》虽然是采用了《圣经》中莎乐美故事的框架，但是作者彻底改变了故事的原意，融入了自己的唯美主义叙事手法，表达"爱"与"美"和"爱"与"罪"的唯美理念。

③ 约翰内斯·勃拉姆斯（Johannes Brahms, 1833—1897），德国浪漫主义作曲家。在德国音乐史中，常把约翰内斯·勃拉姆斯与约翰·塞巴斯蒂安·巴赫与路德维希·凡·贝多芬相提并论，即根据巴赫（Bach）、贝多芬（Beethoven）和勃拉姆斯（Brahms）姓名的第一个字母，而将三人总称为"3B"。勃拉姆斯也是继贝多芬之后，创作面广、继承古典传统较深的德国作曲家。

④ 与前人的安魂曲作品相比，无论是在内容上还是在音乐上，勃拉姆斯的《德意志安魂曲》都开创一个全新的意境，更富于人性。这一作品是勃拉姆斯最伟大的声乐作品，标志着他的音乐创作达到了一个顶峰，也使他在整个欧洲赢得了极高的声誉。《德意志安魂曲》把合唱、独唱与管弦乐完美地结合在一起，其创作灵感来源于亨德尔的复调音乐传统。

⑤ 科雷乔（Correggio, 1494—1534），原名安托尼奥·阿来里（Antonio Allegri da Correggio），16 世纪早期的创新派画家，也是意大利文艺复兴时期的伟大的画家之一。作为壁画装饰艺术的开拓者，他画了很多颇有影响的圣坛画，还有许多小型的宗教绘画。同时兼收佛罗伦萨画派和威尼斯画派之长，对 19 世纪之后的新古典派和象征派绘画都产生了不容忽视的影响。

⑥ 同名画作至少有柯雷乔画作和伦勃朗画作。达娜厄是希腊神话中阿尔戈斯王阿克里西俄斯与欧律狄克的女儿，被父亲囚禁在铜塔之中，后被天神宙斯爱上，生下了希腊神话中又一英雄人物珀尔修斯。

旁，也许我们会从宇宙事件的角度重新解释这一令人遗憾的神话，即地球的财富在天空的繁衍生息中得以增加。同样，人们普遍认为，虽然不懂音乐而流连于拜罗伊特①的人们（Bayreuth-goers）经常把令人丧气的消极影响归咎于瓦格纳（Wagner）的一些音乐，但真正懂音乐的听众对任何这种令人不适的可能性都浑然不觉且通常难以置信。

这个关于美的净化能力的问题把我们带回了起点。它阐明了**观照一个观相和思考事物之间的区别**，以及这种区别的必然结果，即形状本身是**真实和非真实**的，只有当它与一个**事物**联系在一起被思考时，才具有现实和非现实的特征。至于成为**善**或**恶**的可能性，从前面的所有论述中可以看出，**形状只是作为形状**而没有对事物的暗示，只有在丑陋的意义上才有可能是恶的；事实上，丑陋通过难以被深思细想来减少其自身的缺点，因为它违背了我们感知和移情活动的本质。另外，对美的形状的观照因其愉悦性而受到青睐，这种对美的形状的观照将我们的感知和移情活动，也就是我们的智力和情感生活的很大一部分，提升到了一个只可能是精神性、器质性的，且由此道德化的有所裨益的水准。

---

① 位于德国巴伐利亚州法兰肯地区东南部的一个小城，是欣赏建筑艺术与瓦格纳歌剧迷的圣地。1872 年，瓦格纳在此定居，死后葬于此地。所以，拜罗伊特也被称之为"瓦格纳音乐之乡"——每年的 7、8 月份这里都会举行瓦格纳主题的音乐节。

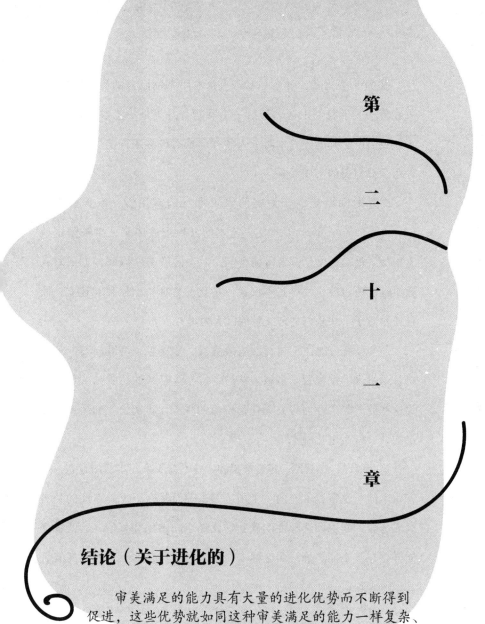

第二十一章

结论（关于进化的）

审美满足的能力具有大量的进化优势而不断得到促进，这些优势就如同这种审美满足的能力一样复杂、难以分析，也同样根深蒂固、不可否认。

　　我的一些读者，对上一章乃至整本小书中隐含的答案不满意，可能会问关于我们主题的最后一个问题。并不是：艺术有什么用？正如我们所看到的，艺术对个人和社会都有许多不同的用途，每一种用途都与美的实现无关。

　　尚存的问题是关于对美的需求本身的有用性，**审美必需性**（Aesthetic Imperatire）——使得艺术的其他用途或多或少被限定或支配——的有用性。读者可能会问，对美的敏感度以何种方式对人类生存有所贡献，使得它不仅通过进化的选择得以保存和建立，而且还被赋予了快乐与痛苦交替的巨大力量？

　　一些读者可能还记得，已故的威廉·詹姆斯（William James）①将音乐带来的愉悦置于多愁善感的爱情与晕船（的感觉）之间，认为这些就人类生存而言并无任何价值的现象，事实上，如果不是悖论的话，就是进化的主宰。

　　这个谜题，尽管不一定是神秘的，并不在于审美本能的存在——音乐本能只是审美本能的一个子范畴——而是在于审美本能的基本组成部分的起源和选择性的确立，比如空间感知和移情，这两者都同样存在于本能之外，而这种本能只是它们和其他主要倾向的复合

---

　　①　威廉·詹姆斯（William James，1842—1910），美国心理学家和哲学家，美国最早的实验心理学家之一。美国机能主义心理学和实用主义哲学的先驱，美国心理学会的创始人之一。

物。对于给定的空间感知和移情，以及它们被感觉为满意或不满意的性能，审美必需性不仅是可理解的，而且是不可避免的。因此，不要问：为什么会有对我们称之为"美"的东西的偏爱？我们应该问：为什么感知、感觉、逻辑、想象会变成现在这样？究竟为什么我们的感觉器官、身体结构和化学成分是现在这样的；为什么它们与其他生物或其他无生命物的存在方式完全不同？只要这些基本事实继续被笼罩在黑暗中或被视为理所当然的，我们称之为审美偏好的特定复合物的起源和进化原因就会保持神秘，这种神秘性仅次于其心理成分的起源和进化原因。

同时，我们可以大胆地说，由于从我们称之为"美"的形状中获得的满足感，毫无疑问涉及强烈的、复杂的和反复的心理活动，由于它具有不可否认的愉悦且由此振奋精神的力量，而且由于它往往会抑制大多数的一旦过剩便危及个人和社会存在的本能，这种审美满足的能力一旦产生，就会由于大量的进化优势而得到促进，而这些优势与这种审美满足的能力一样复杂、难以分析，但也同样根深蒂固、不可否认。

参考文献

I. Lipps, *Raumaesthetik*, Leipzig, 1897.

Aesthetik, Vol. I, part ii. , Leipzig, 1906.

II. Karl Groos, *Aesthetik*, Giessen, 1892.

Der Aesthetische Genuss, Giessen, 1902.

III. Wundt, *Physiologische Psychologie* (5th Edition, 1903),

Vol. III, pg. 107 to 209. But the whole volume is full of indirect suggestion

on aesthetics.

IV. Münsterberg, *The Principles of Art Education*, New York, 1905.

(Statement of Lipps' theory in physiological terms.)

V. Külpe, *Der Gegenwärtige Stand der Experimentellen Aesthetik*,

1907.

VI. Vernon Lee and Anstruther-Thomson, *Beauty and Ugliness*, 1912 (contains abundant quotations from most of the above works and other sources).

VII. Ribot, *Le Rôle Latent des Images Motrices*, Revue Philosophique, 1912.

VIII. Witasek, *Psychologie der Raumwahrnehmung des Auges*, 1910. These two last named are only indirectly connected with visual aesthetics.

关于艺术进化的问题参考:

IX. Haddon, *Evolution in Art*, 1895.

X. Yrjö Hirn, *Origins of Art*, Macmillan, 1900.

XI. Levinstein, *Kinderzeichnungen*, Leipzig, 1905.

XII. Loewy, *Nature in Early Greek Art* (translation), Duckworth, 1907.

XIII. Delia Seta, *Religione e Arte Figurata*, Rome, 1912.

XIV. Spearing, *The Childhood of Art*, 1913.

XV. Jane Harrison, *Ancient Art and Ritual*, 1913.

索　引

（标注页码为本书页码，括号内为英文原版书页码）